食品安全系列

营养师教你辨别

· 食品添加物的好与坏 ·

孙晶丹 · 主编

四川人民出版社

图书在版编目（CIP）数据

营养师教你辨别食品添加物的好与坏 / 孙晶丹主编
. -- 成都：四川人民出版社，2017.12
　ISBN 978-7-220-10648-4

Ⅰ. ①营… Ⅱ. ①孙… Ⅲ. ①食品添加剂—基本知识
Ⅳ. ①TS202.3

中国版本图书馆CIP数据核字(2017)第311841号

YINGYANGSHI JIAONI BIANBIE SHIPIN TIANJIAWU DE HAO YU HUAI

营养师教你辨别食品添加物的好与坏

孙晶丹　主编

责任编辑	何红烈
责任校对	袁晓红
责任印制	许　茜
装帧设计	深圳市金版文化发展股份有限公司
出版发行	四川人民出版社（成都市槐树街2号）
网　　址	http://www.scpph.com
E-mail	scrmcbs@sina.com
新浪微博	@四川人民出版社
微信公众号	四川人民出版社
发行部业务电话	（028）86259624　86259453
防盗版举报电话	（028）86259624
图文制作	深圳市金版文化发展股份有限公司
印　　刷	深圳市雅佳图印刷有限公司
成品尺寸	150mm×210mm
印　　张	14
字　　数	250千
版　　次	2018年2月第1版
印　　次	2018年2月第1次印刷
书　　号	ISBN　978-7-220-10648-4
定　　价	45.00元

■版权所有·侵权必究
本书若出现印装质量问题，请与我社发行部联系调换
电话：（028）86259453

食品添加剂的那些事

我们对食品添加剂有所耳闻，或被食品添加剂信息频繁轰炸起始于十年前。防腐剂、漂白剂、膨松剂……这些新型的概念让我们一度以为食品添加剂是一种新型产物，是社会发展到一定程度后才出现的高科技物质。

其实，食品添加剂在人类历史上存在已久。据史书记载，周朝时期，我国劳动人民就已经使用肉桂增香；东汉时期，我们的祖先就开始了使用凝固剂盐卤制作豆腐的传统；亚硝酸盐大概在南宋时期就开始用于腊肉生产。公元6世纪，农业科学家贾思勰还在《齐民要术》中，记载了天然色素用于食品的方法……

可见，食品添加剂的存在是合理合法的，但为什么如今人们对之却"谈虎色变"呢？最根本的原因还是不法商人对之超量滥用，或用其他非法添加物替代，混淆人们的视听，让大家对之更加害怕。鉴于食品添加剂被人们一直误解，我们推出本书，旨在帮助大家科学认识食品添加剂，正确辨别食品添加剂的好与坏。

本书首先在第一章介绍了食品添加剂的理论知识，包括它的历史与发展、概念与作用、使用要求等；接着第二章介绍了16种生活中常见的食品添加剂，让大家对各种食品添加剂有个全面的了解；然后在第三章重点介绍了食品添加剂的好与坏，帮助大家认清食品添加剂对人类生活带来的便利，同时也避免因不合理使用食品添加剂而导致的不利影响；第四章则从日常食品出发，介绍它们中常见的食品添加剂，并具体分析食品添加剂在食品中的作用或可能存在的风险，帮助大家正确选购日常食品；最后在第五章介绍损害人体健康的真正魔爪——非法添加物和过量添加食品添加剂，帮助大家纠正观念，给食品添加剂树立新形象。

希望大家通过本书的阅读，能对食品添加剂有一个全新的认识，对日常食品有一个清楚的安全判断，从而吃得健康，生活更美满。

目 录

chapter **1**

无处不在的食品添加剂，
你真的了解吗？

chapter 2
认识生活中
常见的食品添加剂

chapter **3**

营养师教你辨别
食品添加剂的好与坏

有"不含任何食品添加剂"的食品吗？

色拉油与添加剂的真相

吃含增稠剂多的食品，会增加血液黏稠度？

在家自制的食物不会有添加剂吧？

食品中除了主料，剩下的都是添加剂吗？

chapter **4**

扫描日常食品中
随处可见的添加剂

chapter **5**

损害健康的魔爪：
非法添加物+过量添加剂

chapter 6
专家连线，有问必答

无处不在的食品添加剂，
你真的了解吗？

　　如今，食品添加剂存在于生活的方方面面。一个面包、一包方便面，里面的食品添加剂各式各样，有的或许你认识，但绝大多数的添加剂相信大家都比较陌生。对此，消费者也非常惶恐，害怕食品添加剂对健康带来不利影响。下面让我们一起来真正认识食品添加剂吧！

01 食品添加剂的历史与发展

食品添加剂作为一个新概念，虽然才存在了几十年，但作为一个客观存在的物质却有着悠久的历史渊源。

我国早在6000多年前，即大汶口文化时期，人们就开始用转化酶（蔗糖酶）酿酒。据史书记载，周朝时期，我国劳动人民就已经使用肉桂增香；东汉时期，约在公元25~220年，中华先民就开启了使用凝固剂盐卤制作豆腐的传统。

另据《食经》记载，魏晋时期，人们把发酵技术首次运用到馒头的蒸制之中，同时为了解决面的发酵问题，人们使用了添加碱面的技术。

经过数千年的发展，如今食品添加剂早已成为统领食品工业、影响人类生活的重要因素。目前，全世界食品添加剂共有2.5万个品种，常用添加剂有5000多种。我国是食品添加剂的生产和使用大国，有不少添加剂品种在世界贸易额中占有一半以上的份额，如柠檬酸、山梨醇年产量均达到100万吨。

当今国际社会，发达国家人口仅占全球人口的20%，而其食品添加剂消费量却占世界总量的70%。这就清楚地表明，食品添加剂不但不会从人们的生活中消失，而且还会使用得越来越多、越来越好。

从南宋开始，就以"一矾二碱三盐"的食品添加剂配方比例应用于油条的炸制之中。令人惊讶的是，这一技术绵延不绝，一直沿用至今。

02 食品添加剂是什么，有哪些作用？

食品添加剂在我们的生活中无处不在：方便面中的乳化剂可以提高面团的吸水性；火腿肠中的增稠剂和鲜味剂能使火腿肠变得更加香嫩……

食品添加剂的定义

食品添加剂是用于改善食品的色、香、味等品质，为防腐、保鲜和加工工艺的需要而加入食品中的一种人工合成或者天然物质。食品添加剂是当代食品加工产业不可或缺的组成部分。目前，我国的食品添加剂有 23 个类别、2000 多个品种，包括酸度调节剂、抗结剂、消泡剂、抗氧化剂、漂白剂、膨松剂、

着色剂、护色剂、酶制剂、增味剂、营养强化剂、防腐剂、甜味剂、增稠剂、香料等。

对于这些食品添加剂，可以按其来源、功能进行分类。

按来源可分为天然食品添加剂和人工化学合成添加剂。天然食品添加剂是利用动物或微生物的代谢产物等为原料，经提取所得的天然物质。人工化学合成添加剂是通过化学手段，使元素或化合物发生包括氧化、还原、聚合、成盐等合成反应所得到的物质。

按功能可分为防腐剂、漂白剂、着色剂等 22 种。

食品添加剂的作用

食品添加剂的种类繁多，作用各不相同，但食品添加剂的重要作用主要有以下几点：

改善和提高食品的色香味等品质

高品质的食品不仅有极为丰富的营养成分，往往还色香味俱全。事实上，大多数人都会从食品的色、香、味、形态以及口感来衡量食品品质的高低。而在食品的加工、烹调过程中，多有碾磨、破碎、加温、加压等物理作用过程，这些加工过程很容易导致食品褪色、变形、变色，甚至一些食品的固有香气也大部分散失，而且对食品的软、硬、脆、韧等口感也有影响。这时，利用适量的食品添加剂对食品进行改造能显著提高食品品质，让人更有食欲。

保持或提高食品的营养价值

食品氧化会直接降低其营养价值。另外，为了使食品更有营养，还可以在食品中加入各种营养素，例如各种维生素或钙元素等。食品防腐剂和抗氧保鲜剂在食品工业中可减少并防止食品的氧化变质，能够很好地保持食品的营养；食品中添加适当的营养素，则会大大提高和改善食品的营养价值。

提高经济效益和社会效益

食品生产过程中使用的稳定剂、凝固剂、絮凝剂等各种添加剂，能不同程度地降低原材料消耗量，提高产品产出率，从根本上降低生产成本，可以达到很好的经济效益。另外，使用食品添加剂之后，由于食品的花色增多，增加了人们的购买率以及购买量，也收到了明显的经济效益和社会效益。

保藏食品，延长保质期

在自然环境下，食品会受到环境限制，空气、水分以及温度都会对食品的质量产生不利影响。而且，长时间长距离的食品运输，在自然环境下也是极为困难的。例如，生鲜食品和高蛋白质食品如果不采取防腐保鲜的基本措施，在其出厂后就会很容易腐败变质。各种防腐剂、抗氧化剂以及保鲜剂就很好地解决了这一系列的问题。这类食品添加剂保证了食品能够在保质期内保持其应有的质量和品质，使食品加工之后能够运输至其他地区满足更多人的需求，给人们的生活带来极大便利。

丰富食品品种

如今的食品货架上，不再只是单纯的粮油、果蔬、肉、蛋和奶，更多的是这些原材料与食品添加剂共同加工而成的琳琅满目的食品，如罐头、香肠、果汁以及蛋糕等。将各种各样的食品原材料，利用适当的加工工艺，再添加适当适量的食品添加剂，就能生产出各式各样的食品。同时，不同的食品添加剂还能获得不同的花色品种，使我们的日常生活更加丰富多彩。

使食品加工更容易，满足不同人群的需要

食品的加工过程中难免会有润滑、消泡、助滤、稳定和凝固等做法。进行这些细节加工时，如果没有食品添加剂，几乎是不可能完成的。而现实生活中，有部分人群对于食品是有特殊要求的，例如糖尿病患者不能食用蔗糖，但又想满足甜味的需求，就可以在无糖食品中添加各种适量的甜味剂，如木糖醇、山梨糖醇等；婴儿的生长发育过程中需要各种营养素加强体质，因此，就有了添加钙铁锌等矿物质、维生素的配方奶粉等。

03 食品添加剂的"负面形象"

近年来，我国接二连三地出现了多宗性质恶劣的食品安全事件，如三鹿毒奶粉事件、双汇瘦肉精事件、上海染色馒头事件等。由于这些食品问题的性质极其恶劣、传播范围又非常广泛，导致食品添加剂成为牟利、违法、伤害，甚至是毒品的代名词，引发了广泛的社会热议、批评乃至指责。

受到这些食品安全事件的影响，消费者对"添加剂"三个字可谓是"谈虎色变"。这时，一些食品企业为了迎合消费者的心理，故意在标签中隐去食品添加剂，甚至写上"不含食品添加剂""不含任何食品添加剂""本产品不含任何防腐剂"的字样。在厂家的这种宣传方式的影响下，广大消费者对食品添加剂更加感到不安和担忧。

然而，透过食品添加剂的历史本质和现实表现可知，这些批评、非议和指责是有失公允的。因为，从现实表现来看，引发上述食品安全问题的罪魁祸首是非法添加物，而不是食品添加剂。

事实上，食品添加剂并非恶魔，而是人类社会基于自身生产发展的需要而做出的价值选择，而且在生活中，它早与食品的色香味密不可分，不但丰富了食品的品质，还为人们带来了更好的视觉、嗅觉和味觉享受。因此，我们要公正地评判食品添加剂，不要将非法添加物造成的恶果误认为是食品添加剂带来的危害。

04 食品添加剂安全使用要求

　　作为食品的一部分，食品添加剂的使用不应该给人类的健康带来任何危害。那么使用添加剂有哪些要求呢？

食品添加剂的使用要求

　　如今，食品添加剂已成为人们日常饮食中不可或缺的一部分。因此，在使用食品添加剂时，其自身的品质不能有问题。若是添加剂本身有问题，那么它就会给人体健康带来危害。

　　同时，食品添加剂的使用不应该以掩盖食品的瑕疵为目的。使用食品添加剂应该是为了让食品的品质变得更好，而不是为了掩盖食物的缺陷，如变色、腐烂等问题。

　　那么，食品添加剂的使用具体应符合哪些要求呢？

❶ 经过食品安全性毒理学评价，证明在使用限量内长期使用对人体安全无害；

❷ 不影响食品理化性质，对食品营养成分不应有破坏作用；

❸ 食品添加剂应有严格的卫生标准和质量标准，并经中华人民共和国卫生部正式批准、公布；

❹ 食品添加剂在达到一定的目的后，经加工烹调或贮存时，能被破坏或允许有少量残留；

❺ 不得使用食品添加剂掩盖食品的缺陷或作为伪造的手段；

❻ 不得使用非定点生产厂家、无生产许可证生产的以及污染或变质的食品添加剂。

复配食品添加剂的使用要求

复配食品添加剂其实就是将添加剂混合起来使用，让食品制作过程能更好地完成，其数量和品种也比较多，比如用于制作蛋糕的泡打粉、用于肉制品中的嫩肉粉等。使用复配食品添加剂要遵循以下原则：

❶ 使用复配食品添加剂不能对人体造成任何危害。不管使用何种添加剂，安全始终都是最重要的，否则不如不用。

❷ 使用复配食品添加剂在能达到预期效果的前提下，应该减少其在食品加工中的用量。

❸ 用于生产复配食品添加剂的各种添加剂应符合相关的规定，并有共同的使用范围。

❹ 复配食品添加剂在生产过程中不应该发生化学反应生成新的化合物，以免对人体造成伤害。

部分标有"无添加""不含防腐剂"的食品，其实可能使用调味剂或酸味剂，使食品的酸碱值控制在适合存放的微酸性环境，以抑制细菌滋生并防止食物变色，如柠檬酸等。因此，即使是不含防腐剂的食品，也可能是含有多种调整酸碱值的添加物以延长食品保存期。

真相在这里

令人担忧的神仙水：一滴香

只要一滴，便香飘万里。一时间，人们都知道了这种液体的神奇，你可能突然觉得大街小巷的饭馆是不是都在用。"一滴香"是一种咸味香精，是食品添加剂的一种，属于复合食品添加剂类型。长期过量食用对人体有害。

这种具有鸡肉味、鸭肉味、牛肉味、羊肉味等浓香味的"一滴香"通常被用在米线砂锅店、火锅店及街头面馆、麻辣烫中。如果按照使用说明限量使用，不会危害健康，但这个"量"可真是难说了。谁能控制得了厨师用来滴"一滴香"的手呢？何况"加两滴就比一滴香"是谁都能想到的。

05 学会识别 食品中的添加剂

大家在选择食品时要学会鉴别食品中是否存在食品添加剂使用不规范的问题，识别是否使用不健康成分的食物，才能保证我们的健康。

让大家学会识别食品添加剂并不是因为食品添加剂会给我们带来什么危害，而是为了让大家避免受到有害物质的侵害。如果大家能识别食品中的危机，就能避免受到伤害。

选食品要认真、仔细

现在市场上的食品种类非常多，而且各个香气四溢、五颜六色，让人看了就想吃，可是在这些好闻、好看的食品中，却可能存在健康隐患，这需要我们掌握基本的识别危险的技巧：

看食品的颜色

食品在运输、加工的过程中因为会耽误很多时间，因而食品的颜色往往没有保障，而颜色不好看的食物是不受消费者青睐的，所以商家会用色素、漂白剂等来解决这个问题。但这些东西只有在恰当的范围内使用才会有好的效果并不会造成安全隐患。可如果使用超量，或者使用其他的非法物品替代，那就会产生安全问题了。

所以，当大家看到那些食物的颜色过于鲜艳，或者跟它本来的颜色有区别，这样的食物最好不要选。

闻食物的气味

闻食物的气味也能分辨出食物的好坏。我们平时吃的水果有一股独特的清香，但如果香味很浓郁，那就是使用了香精。

问食品的价格

有人会说，问食品的价格怎么能知道食物是否有害呢？大家都知道一分钱一分货的道理，使用廉价的添加剂或者非法添加物时，产品的成本就低，要价自然低，所以大家看到价格不合理的食品坚决不能选。

查看食物的标签

有人会说："看食物的标签怎么能知道是否添加有劣质的添加剂呢？商家才不会那么傻将其标上去呢。"正规生产的食品必须将食品的成分和配料等信息标明，所以，看标签也能获得一些有用的信息，大家买食品时应该养成看标签的好习惯。

超量使用食品添加剂的现象

食品添加剂能改善食品的品质，但并不是说用得越多越好。刚好相反，食品添加剂用多了会让食品有异常的变化，还会产生安全问题。

❶ **漂白剂**：漂白剂虽然能让食物看起来更洁白，但漂白剂可使食品的营养成分遭到破坏。消费者看到食品的外表异乎寻常地光亮和雪白，就应该想到这种食物可能会有问题。

❷ **着色剂**：着色剂是使食品着色和改善食品色泽的物质，通常包括食用合成色素和食用天然色素两大类。若着色剂用多了，食品的颜色就会过于浓烈。

❸ **防腐剂**：防腐剂主要是为了防止食物腐败的添加剂，主要有山梨醇、苯甲酸等，直接加入食品中。超量使用苯甲酸，甚至使用甲醛和福尔马林等非食品级的工业原料，对食物进行强行杀菌，这样的食品是有问题的。

❹ **香精香料**：虽然能给食物带来各种香味，但国家还是限定了其使用。如果使用不合格的香精或超量使用香精，食品的气味会比较浓郁。

❺ **甜味剂**：甜味是大多数人都喜欢的一种味道，所以甜味剂用得也比较广泛。特别是糖精钠中含有对人体有害的成分，所以国家限定糖精钠的使用。但糖精钠的成本低，所以它还是被不法商贩广泛使用于一些食品中，比如说劣质的饮料、果脯、蜜饯等。

食品使用添加剂过量的表现

食品要是超量使用添加剂，或者使用了非法添加物，那么食物的品质就会发生变化，而且还会和它本来的样子有区别，大家要学会如何区别。

海带

不能选择颜色特别绿的海带。海带肥肥的，颜色特别绿，还很光亮，这很可能就是用化学品加工过的，一般海带的颜色是褐绿色，或是深褐绿色的。

虾米

选虾米要选干爽不粘手的。有的虾米发潮后被不法商贩用氨来加工处理过，让其外表跟正常的虾米没有什么区别，但它们会有一些味道，还会粘手，这样的虾米不能选。

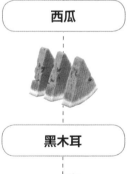

西瓜

有些西瓜中的子是白色的，这是因为这种西瓜可能使用过激素，它的瓢虽然很鲜艳，但没有甜味。

黑木耳

黑木耳如有涩味，说明用明矾水泡过；有咸味，是用盐水泡过；有甜味，是用糖水泡过；有碱味，是用碱水泡过。

干辣椒

辣椒虽然是红的好，但颜色也不能太亮丽。硫磺熏过的干辣椒外表亮丽，没有斑点，正常的干辣椒颜色是有点暗的；用手摸，手如果变黄，是硫磺加工过的；仔细闻闻，硫磺加工过的多有硫磺气味。

银耳

银耳并不是颜色越白越好。正常的银耳是微微发黄的，那些白色的银耳大多是用硫磺熏过的。如果取一点尝过就会发现，用硫磺熏过的银耳会刺激舌头，或者有一点辣味。

蘑菇

有些蘑菇看起来雪白透亮，而且没有土，价格还便宜，这样的蘑菇大多是经过漂白的，中看不中吃。好的蘑菇生长在草灰里，难免会沾上草灰；正常蘑菇摸上去有点黏糊糊的，漂白过的蘑菇摸上去很光滑，不会有腻腻的手感。

很多人喜欢喝茶，那么大家也要知道如何分辨茶叶的好坏。那些颜色发黑的茶叶就不能选。如碧螺春正常的色泽应该是柔和的，但是掺假的碧螺春则发黑、发青；正常的碧螺春有白色的小绒毛，泡茶后的颜色柔亮，但处理过的绒毛则是绿色的，而且泡的茶呈暗黄色。

06 我国食品添加剂行业现状

目前，我国食品添加剂生产企业越来越多，品种和产量可基本满足食品工业发展需要。小苏打、纯碱、明矾、谷氨酸钠、柠檬酸、醋酸、糖精、甜蜜素、山梨糖醇、发酵粉、焦糖色素、明矾、酶制剂、香精香料等品种已形成万吨以上的产量。

我们日常生活中的许多食品，如方便面、面包、糕点、饮料、酱油、冰激凌等都离不开食品添加剂。若单用面粉、精盐和食糖，纵有巧夺天工的手艺，也做不出松软可口的面包和糕点，而应用专用复合添加剂大规模生产人们喜爱的各式面包和糕点早已成为事实；采用增稠剂、品质改良剂、抗氧化剂和鲜味剂，生产流水线才能源源不断地生产出一般传统挂面所不可比拟的美味方便面；采用食用色素、甜味剂、香料、酸味剂等食品添加剂，才能使人们在炎热的夏日喝上清凉透心的可乐、汽水等饮料；采用甜味剂、乳化剂、酸味剂和香精，才能使各类惹人喜爱的夹心糖和巧克力糖果一改上世纪 50 年代硬糖、软糖的老面孔。新型营养强化食品、各式各样的保健食品、特制酱油、各类罐头的生产，都离不开食品添加剂。

食品添加剂已成为现代食品工业中最富有创造力、能获得更高经济效益的最活跃元素，赋予现代食品工业强大的生命力。

2

认识生活中常见的
食品添加剂

食品添加剂无处不在，我们每天吃进身体的添加剂多达十几种，但看着包装袋上那些陌生的化学名词，你是否一头雾水呢？保持健康饮食的第一步，就从认识添加剂开始吧，下面一一给你介绍身边最常见的食品添加剂。

01 防腐剂
为何被允许使用?

目前，市场上很多食品都单独将"不含防腐剂"作为卖点来宣传。这在一定程度上误导了消费者，容易引起消费者对食品防腐剂的恐惧。其实，很多饮料都需添加防腐剂，尤其是碳酸类饮料，如果不添加防腐剂，就不能保证质量。

防腐剂的使用目的

防腐剂是为了防止食品或其原料腐败变质而加入食品中的物质，可抑制微生物繁殖，以延长食品保存期。但防腐剂不能当作杀菌剂使用，在实际应用上需结合密封以及杀菌处理技术来达到防腐保鲜的目的。

使用目的

❶ 防止食物腐败，抑制细菌、酵母菌生长，延长食品储藏时间；

❷ 增加食品品质的安全性。

防腐剂的使用原则

我们知道了防腐剂在食品中的应用不可或缺，但因目前使用的防腐剂大多是人工合成的，超标准使用会对人体造成一定伤害，因此，我国对防腐剂的使用有着严格的规定，明确防腐剂必须符合以下标准：

❶ 合理使用对人体健康无害；

❷ 不影响消化道菌群；

❸ 在消化道内可降解为食物的正常成分；

❹ 不影响药物抗菌素的使用；

❺ 对食品热处理时不产生有害成分。

同时，《食品添加剂使用卫生标准》也对人工合成防腐剂的最高限量做了明确规定，如苯甲酸钠按人体每千克体重每日最高限量为5毫克。

防腐剂的种类和使用范围

种类	使用范围
苯甲酸及其盐类	碳酸饮料、低盐酱菜、葡萄酒、果汁
山梨酸钾	鱼、肉、蛋、禽类制品，果冻，乳酸菌饮料，糕点
脱氢乙酸钠	植物胶、动物胶、微生物胶
对羟基苯甲酸丙酯	果汁饮料、糕点馅、碳酸饮料、食醋、酱油
丙酸钙	生湿面制品、面包、食醋、酱油、糕点
双乙酸钠	各种酱菜、面粉和面团
乳酸钠	烤肉、火腿、香肠、鸡鸭类产品和酱卤制品
乳酸链球菌	素罐头食品、植物蛋白饮料、乳制品、肉制品
纳他霉素	奶酪、肉制品、葡萄酒、果汁饮料、茶饮料
过氧化氢	生牛乳、袋装豆腐干

02 给食物"美妆"的着色剂

食物本身的颜色除了提供食品美丽的色泽外，还可以提高食欲、增加商品的价值，并且促进消费者的购买欲望。因此，在食品加工及储藏时，为了改变食品本身的色泽，或维持食品原有的颜色，会添加着色剂以美化食品的色相，这种物质也俗称食用色素。

着色剂有天然和化学合成两类

目前，世界上常用的食品着色剂有 60 余种，我国允许使用的有 46 种，按其来源和性质可分为天然着色剂和化学合成着色剂两类。

天然着色剂主要来自天然色素，按其来源不同，可分为三类：

❶ 植物色素：如甜菜红、姜黄、β－胡萝卜素、叶绿素等。

❷ 动物色素：如紫胶红、胭脂红等。

❸ 微生物类：如红曲红等。

化学合成着色剂主要是依据某些特殊的化学性质或生色团进行合成的着色剂，按其化学结构可分为两类：

❶ 偶氮色素类：如苋菜红、胭脂红、日落黄、柠檬黄、新红、诱惑红、酸性红等。

偶氮色素类按其溶解度不同又分为油溶性和水溶性两类。目前，世界各国使用的合成色素大部分是水溶性偶氮色素类和它们各自的铝色淀。

❷ 非偶氮色素类：如赤藓红、亮蓝、靛蓝等。

天然着色剂多以植物性着色剂为主，不仅安全，而且许多天然着色剂具有一定营养价值和生理活性。

食品合成着色剂要按国家规定应用。

天然着色剂与合成着色剂的比较

天然着色剂	优点	天然色素多来自动植物组织，除藤黄外，其余对人体无毒害，安全性高
		有的天然色素具有生物活性，如β-胡萝卜素、维生素B$_2$，因此，兼有营养强化作用
		天然色素能更好地模仿天然物颜色，着色时色调比较自然
		有的品种具有特殊的芳香气味，添加到食品中能给人带来愉快的感觉
	缺点	色素含量一般较低，着色力比合成色素差
		成本高，稳定性差，有的品种随pH值、温度不同而色调有变化
		难以用不同色素配出任意色调
		在加工及流通过程中，受外界因素的影响易劣变
		由于共存成分的影响，有的天然色素有异味、异臭
合成着色剂	优点	成本低、价格便宜
		色泽鲜艳，着色力强，稳定性高，无臭无味
		易溶解，易调色
	缺点	大多以煤焦油为原料制成，其化学结构属偶氮化合物，可在体内代谢生成β-萘胺和α-氨基-1-1萘酚。然而，这两种物质具有潜在的致癌性

03 使用要慎重的 漂白剂

　　漂白剂在食品中应用非常广泛，可用来破坏食物中的杂色成分，让食物看起来更加白嫩，或用来防止食物颜色发生褐变。虽然漂白剂能改善食物的品质，但倘若使用不当，也会给人的健康带来损害。

漂白剂的分类

氧化型漂白剂

　　常见的氧化型漂白剂有双氧水、二氧化氯、漂白粉以及过氧化苯甲酰。这类漂白剂不仅可以用来漂白，而且因其较强的氧化性，还可以用来消毒杀菌，但它有一个缺陷就是对食物本身的营养也会有一定的破坏。氧化型漂白剂漂白是不可逆的，效果非常好，经常用于菌菇类、竹笋等食物的漂白。

还原型漂白剂

　　这类漂白剂基本上都是二氧化硫的衍生物。我国允许使用的还原型漂白剂有硫黄、二氧化硫、亚硫酸钠等。这类漂白剂能消除植物中的色素，还能防止果蔬发生褐变，经常用于果蔬、蜜饯等食品中。常见的方法有气熏法、浸渍法或直接加入，食品种类不同，使用的方法和量也会有区别。值得注意的是，这种漂白方法通常会有二氧化硫残留，如果用量过多的话，会带来食品安全问题。

亚硫酸盐的使用与危害

　　亚硫酸盐类漂白剂属于还原型漂白剂，其每日允许的摄取量为每人每千克体重不超过 0.7 毫克，也就是体重 60 千克的人，每日摄取量不宜超过 42 毫克。无论使用哪种亚硫酸盐的漂白剂，在加工过程中，最后都会产生二氧化硫。对于过敏性体质的人（如哮喘患者等），即使是极微量的二氧化硫的残留都可能会导致他们发生过敏反应。因此，如果食品中二氧化硫的残留量大于 10ppm 时，必须在食品标示上注明，以保护对亚硫酸盐过敏的消费者。

　　由于亚硫酸盐存在着毒性，一些发达国家纷纷制定各种法规、标准来限制亚硫酸盐的使用。我国的食品加工业中，已对糖类、蜜饯、竹笋、蘑菇以及蘑菇罐头等食品加工过程中使用亚硫酸盐做了相关的限量规定。

　　众所周知，亚硫酸盐对啤酒的酿制起着举足轻重的作用，是啤酒生产必不可缺的环节。因为亚硫酸盐中的二氧化硫能够延迟啤酒风味的老化和走味，提高啤酒的稳定性。而啤酒中二氧化硫的使用量是最为关键的，太低起不到相应的作用，太高则影响啤酒口感，令人产生不愉快的硫味。针对二氧化硫的残留量，目前，世界许多国家都做了相关的规定。

04 甜味剂
能满足特殊需求

甜味剂是赋予食品以甜味的物质，分为天然甜味剂和人工合成甜味剂。不同甜味剂的甜度和甜感特点不同，有的甜味剂不仅甜味不纯，带有酸味、苦味等其他味感，而且从含在口中瞬间的留味到残存的后味都各不相同。

天然甜味剂

罗汉果甜苷	从罗汉果中提取得到，甜度约为蔗糖的300倍，有罗汉果特征风味
甘草类甜味剂	从甘草中提取得到，甜度为蔗糖的200~500倍，其甜味刺激来得较慢，去得也较慢，甜味持续时间较长，有特殊风味
甜菊糖苷	从甜叶菊中提取得到，甜度为蔗糖的250~450倍，带有轻微涩味

合成甜味剂

合成甜味剂有糖精或糖精钠、甜蜜素、安赛蜜或 AK 糖、蔗糖素、阿斯巴甜（又称"甜味素"，高温水解后对苯丙酮酸尿症患者有一定毒性）。

糖尿病患者可用的甜味剂

木糖醇	糖尿病患者食用木糖醇可以获得与蔗糖相同的甜度而不会引起血糖升高。但是每日摄入不宜超过50克，否则易引起腹泻。另外，木糖醇吃多了可使甘油三酯升高，也可使冠心病的发病率增高，所以宜少量食用
甜叶菊苷	甜叶菊苷是从植物中提取的天然成分，不仅甜度高、热量低，而且具有降低血压、促进代谢、治疗胃酸过多等功效，被认为是颇有发展前途的一种非糖天然甜味剂
阿斯巴甜	阿斯巴甜是一种蛋白糖，不提供热能也不含营养素，甜度为蔗糖的120倍，口感很好，可制成糕点、糖果，服后不增加血糖，但高温后失去甜味，因此不能烘烤

合格的食品添加剂对人体没有坏处，但是长期过量摄入也会对人的身体健康造成一定损害。同时，很多标明"低糖""无糖""低热量"的甜味食品并不是真的无糖，其中所使用的甜味剂虽然热量很低，甚至无热量，但是大多数会增加食欲，反而使热量的摄入增多。

05 抗氧化剂——
保存食物的利器

食品氧化是指食品中的油脂变质，同时有褪色、变色和维生素受到破坏，最后导致食品品质下降的现象。为了防止食品的氧化，食品在加工过程中常会用到抗氧化剂。抗氧化剂是能阻止或延缓食品氧化变质，提高食品稳定性和延长贮存期的食品添加剂。

常见的天然食品抗氧化剂

在食品加工中使用的抗氧化剂主要分为天然抗氧化剂和人工合成抗氧化剂。天然抗氧化剂多是从植物中提取的，安全性较高，在食品加工中应用较广。

天然维生素E	广泛存在于植物油脂中，性质稳定，抗氧化性能比较好，而且很安全，所以经常用于食品保鲜
辣椒提取物	生活中常见的红辣椒中含有大量的抗氧化物质，它是维生素E和香草酰胺的混合物，只要能将其中的辣味去除，便是一种很好的抗氧化剂
香料提取物	早在20世纪30年代，人们就研究过香料的抗氧化作用。后来人们发现，在众多香料中，抗氧化性能最好的是鼠尾草和迷迭香。因为它们含有萜类、有机酸、黄酮类等多种抗氧化成分，能够阻止油脂的自动氧化链、螯合金属离子。从迷迭香中提取的迷迭香酚，比人工合成的抗氧化剂的抗氧化能力还要强很多
茶多酚	茶多酚是从茶叶中提取的抗氧化物质，含有4种成分，即表没食子儿茶素、表没食子儿茶素没食子酸酯、表儿茶素没食子酸酯以及儿茶素。它的抗氧化能力甚至比维生素C和维生素E还要强

食品抗氧化剂的作用机制

食品抗氧化剂的种类很多，而且它们作用的机制也不相同，但主要还是以下几种：

1. 通过抗氧化剂的还原作用，降低食品中的氧含量。

2. 中断氧化过程中的链式反应，阻止氧化过程进一步进行。

3. 破坏、减弱氧化酶的活性，使其不能催化氧化反应的进行。

4. 将能催化及引起氧化反应的物质封闭，如络合能催化氧化反应的金属离子等。

A.抗氧化剂能阻碍氧化反应，延缓食品败坏，但不能改变已经变坏的后果。在使用抗氧化剂时，必须正确掌握使用时间，尽量在早期阶段使用，以发挥其抗氧化作用。

B.抗氧化剂虽然能保持食品的新鲜，但并不意味着能随便使用。因为只有用量得当才能在保障食品质量的同时保证人体的健康。如叔丁基对羟基茴香醚的用量在0.02%时，比用量在0.01%的抗氧化效果提高10%，但如果超量使用，效果反而不好。

06 让食品变得蓬松的膨松剂

膨松剂具有产生气体的特性，在制作面包及糕饼等食品时添加膨松剂，可缩短等待发酵的时间，并达到蓬发的效果以增加食品柔软性。

认识膨松剂

膨松剂有碱性膨松剂和复合膨松剂两类。碱性膨松剂因碳酸氢钠产生的二氧化碳会让面皮膨胀。复合膨松剂的配方很多，而且可以根据食品生产的不同需求进行自由搭配。

在使用复合膨松剂时，通常因为所用物质的不同，产气也会有快慢之分。如所用酸性物质为有机酸、碳酸氢钙等，那么产气速度就会比较快；若使用硫酸铝钾、硫酸铝铵等物质则产气速度就较慢。因为产气的速度有差异，所以在加工食品时，使用复合膨松剂的要求就很高，因为产气的快慢会影响食品的加工。如生产蛋糕，如果用产气快的膨松剂，蛋糕在焙烤时会很快膨胀起来，但此时蛋糕组织还没有完全凝结，那么成品就可能会有质地不均、塌陷等情况；但若是使用产气速度较慢的膨松剂，那么焙烤初期蛋糕膨胀太慢，二氧化碳等到蛋糕凝结后才释放出来，那也就失去了蓬松的作用。

需要注意的是，部分膨松剂中的铝会对人体健康产生不利影响，现在人们正在研究它的替代物，希望人们能有更健康的饮食。

无铝膨松剂的优势

不管是什么样的食物，对于人们来说最重要的就是安全，但是在很多面食中使用的膨松剂有一定的危险存在。无铝膨松剂的出现改变了这种情况，无铝膨松剂并不是完全不含铝，而是铝含量比较低，小于100毫克／千克。

无铝膨松剂中所含的铝含量较低，基本上不会对人体健康有害，并具有以下特点：

1. 不含对健康危害较大的明矾、臭粉等物质，符合食品安全的相关标准。

2. 膨胀效果比较好。根据产品加工的不同需要，这种膨松剂已经开发出产气快、膨松慢的效果。此外，还有双重膨松剂，就是为了保证食品能够得到充分发酵。

3. 作用效果比较好。成品在外观和口味上都比较优质，如蛋糕的表面均匀、平整，口感细腻。

4. 适用于油条、面包、饼干、馒头、粉条等面食。

07 能改变口感的 增稠剂

　　食品增稠剂是指在水中溶解或分散，能增加流体或半流体食品的黏度，并能保持所在体系的相对稳定的亲水性食品添加剂。

增稠剂的种类

　　增稠剂的种类很多，常见的有以下这些：

❶ 有从植物渗出液中提取的阿拉伯胶、刺梧桐胶；

❷ 有从植物种子、海藻中制取的瓜尔胶、卡拉胶、海藻酸盐；

❸ 有从动物的皮、骨、筋中提取的明胶、酪蛋白；

❹ 还有以天然物质为基础的半合成增稠剂甲基纤维素钠、变性淀粉、海藻酸丙二醇酯等。

　　大部分的增稠剂都是取自天然物质，本身就比较安全，而且在食品中添加的食品增稠剂其量甚微，通常为千分之几。另外，我国对食品增稠剂的使用有着严格的规定，按国家规定用量使用增稠剂，对人体不会造成危害。

　　　面筋含量低于30%的面粉，用于生产面包时，其发酵效果不好，不易胀发；用于生产饼干，则破碎率增加；用于生产蛋糕，由于韧性不好，烘烤后脱盒困难，易破碎。在这些食品中加入0.02%~0.2%的增稠剂——海藻酸钠，均能使其质量提高。用于生产饼干、蛋卷，主要可减少其破碎率；用于生产面包、蛋糕，使其膨胀，质地酥松，减少切片时落下粒屑。

增稠剂在食品工业中的作用

增稠作用：可提高食品静置状态下的黏稠度，使原料容易从容器中挤出或更好地黏着在食品上，使食品有柔滑口感，在鱼、肉糜等压模食品中起胶粘作用。

稳定作用：可使加工食品组织更趋于稳定状态，使食品内部组织不易变动，因而不易改变品质。在淀粉食品中有防老化作用；在冰激凌等食品中有防止冰晶生成的作用；在糖果制品中可防止结晶析出；在饮料、调味品和乳化香精中具乳化稳定作用；在啤酒、汽酒中有泡沫稳定作用。

胶凝作用：食品增稠剂是果冻、奶冻、果酱、软糖和人造营养食品等的胶凝剂和赋形剂，作为食用凝胶的增稠剂，它们各具特长，彼此难以取代。琼脂是目前较好的胶凝形成剂，其凝胶坚实、硬度较高，但弹性较小。明胶凝胶坚韧而富有弹性，能承受一定的压力。海藻酸钠胶凝条件低，其热不可逆性特别适用于人造营养食品。果胶在胶凝时能释放出一种较好的香味，适用于果味食品。

水化作用：亲水性增稠剂有强烈的水化作用，在肉制品、面包、糕点等食品中，它不仅能起到组织改良作用，而且可使水分不易挥发，既提高了产品产量，又增加了口感。

此外，增稠剂还可作为果汁、酒和某些调味品的澄清剂，在食品加工中还可做起泡剂、保香剂和脱膜剂等。

08 乳化剂的 神奇混合能力

乳化剂是指能改善乳化体系中各种构成物之间的表面张力，形成均匀分散体或乳化体的物质，也称为表面活性剂。它能让两种本来不能相溶的物质融合在一起，使食物给人带来不同的感受。

正确认识乳化剂

很多人误认为乳化剂是将某种食物变成像乳类的物质，但其实它的作用并不是将物品乳化，而是使两种互不相溶的液体均匀混合。

牛奶是一种很常见的乳化食品。牛奶中有水和乳脂这两种互不相溶的物质，但在乳蛋白的协调下，水和乳脂形成了一种水分子包容着乳脂肪的结构，进而协调地结合在一起。这里面，发挥着乳化剂作用的就是乳蛋白。

乳化剂不仅在各种原料混合、融合等一系列加工过程中起乳化、分散、润滑和稳定等作用，而且还可以改进和提高食品的品质和稳定性。举个例子，大家将水和油混合在一起时会发现油总是漂在水面上，即使加热、搅拌也不能将它们融合在一起。在食品加工业中，这种情况经常会出现，比如做冰激凌时的油和水，如果无法融合，那么就无法做出口感和外观都很好的冰激凌。为了制造出完美的口味、好的柔韧性和较长货架期的食品，乳化剂在食品生产中被广泛应用。

常用的食用乳化剂

按乳化剂的来源分，可分为合成乳化剂和天然乳化剂两类：

❶ 合成乳化剂：一般是脂肪或多无醇与脂肪酸的衍生物，世界各国批准使用的合成乳化剂，主要是甘油脂肪酸酯、失水山梨醇脂肪酸酯、丙二醇脂肪酸酯、蔗糖脂肪酸酯四大类。这些化学合成乳化剂，在人体消化过程中可被分解为脂肪酸和多元醇，从而被人体吸收或排出体外，对人体的代谢无不良作用，也不在人体内积累而影响健康。

❷ 天然乳化剂：天然乳化剂则是从植物、动物和微生物中分离取得的物质。从大豆中提取的大豆磷脂，其有效成分是甘油脂。大量存在于油料种子（如大豆、棉籽、花生等）和蛋黄中。大豆磷脂除了有乳化剂的作用外，还具有一定的营养价值，有排泄胆固醇、预防脂肪肝、促进脂肪吸收等药理作用。

食品乳化剂的基本种类

类别		举例
天然乳化剂	类脂	大豆磷脂蛋黄（主要含卵磷脂）
	蛋白	酪蛋白、分离蛋白
	胶质	植物胶、动物胶、微生物胶
	藻酸	海藻酸
合成乳化剂	酯	甘油脂肪酸酯类 蔗糖脂肪酸酯类 山梨糖醇酐脂肪酸酯类 丙二醇单硬脂酸酯 柠檬酸硬脂酰单甘油酯 单乳酸甘油二酸酯
	类环糊精	α–环糊精 β–环糊精 γ–环糊精
	甾类	胆酸、脱氧胆酸
	卤代油	溴化植物油类

渗透于多种加工食品的毒淀粉

　　不法分子为了降低成本，将工业用化学原料顺丁烯二酸酐加入修饰淀粉中，提供此原料与广泛的下游厂商制造粉圆、肉圆、豆花、米粉、番薯圆等产品以增加弹性。顺丁烯二酸酐遇水转变成顺丁烯二酸，又称马来酸。虽然目前研究显示，顺丁烯二酸尚未有对人体造成毒害的案例，也不致损害基因，但曾有动物实验显示，以低剂量喂食两年的动物有肾脏损伤的情况，因此，对人体健康仍有危害的风险。建议除了避免食用加工食品，减少摄入这类物质的机会外，平时应多喝水，以助人体排除这些无意中吃下的水溶性毒素。

09 丰富食品种类的凝固剂

食品凝固剂是指能使食品组织结构不变，增强黏性固形物的物质。有了食品凝固剂，食品就像有了"骨架"，能让食品的外观更好看，保持食品的形态和质地。常用的如盐卤，就是用来作为豆腐凝固剂的。

在我国相关食品标准中规定的食品凝固剂主要有八种物质：

❶ **硫酸钙**：生产豆腐常用磨细的煅石膏作为凝固剂，效果最佳。此外，硫酸钙还可用作增稠剂、酸度调节剂、面粉处理剂。

❷ **氯化钙**：一般用于作为低甲氧基果胶和海藻酸钠的凝固剂，还能用来制作乳酪，也能用于硬化番茄、莴苣等。

❸ **氯化镁**：这就是我们通常所说的盐卤，一般用来制作老豆腐和豆腐干，它能让豆腐具有独特的风味。

❹ **丙二醇**：一般用来作为面包、糖果、包装肉类、干酪等的保湿剂、柔软剂，它还能增加面条的弹性。作为凝固剂，为豆腐增加风味、白度及光泽。

❺ **EDTA 盐**：包括乙二胺四乙酸二钠和乙二胺四乙酸二钠钙。EDTA 盐具有螯合金属离子的作用，可以消除金属离子的危害，能防止食品由金属引起的变色、变质、变浊等问题。

❻ **葡萄糖酸 - δ - 内酯**：可以作为内酯豆腐的凝固剂，可用于鱼、肉、禽、虾等的防腐保鲜，可用于果汁饮料和果冻的酸味剂。

❼ **薪草提取物**：是薪草中含有的一种具有凝胶性的多糖，可用来制作糕类食品。

❽ **谷氨酰胺转氨酶**：可改善蛋白质的结构和功能，可以让蛋白质的发泡性、乳化稳定性、热稳定性、保水性和凝胶能力等效果更加显著，让蛋白质食品有更好的风味、口感、质地和外观。

10 消泡剂
能改善食品品质

在食品的加工过程中会不可避免地出现气泡，这些气泡如果不及时消除，会影响食物最终形成的品质，影响食物的外观。消泡剂正好能解决这样的问题，使食品的加工操作更为便利。

认识神奇的消泡剂

泡沫其实是气体被液体包裹形成的，而这些不起眼的泡沫出现在食品中却会让食品出现很多小洞，影响食品的外观，尤其是饮料，看起来像是有质量问题。

气泡很不稳定，但用一般的方法并不能彻底将食品中的气泡消除，而想要等气体自己从食物中分流出来却又需要很长时间，这会增加生产成本。使用消泡剂则能轻松将其中的气泡消除，或者使气泡破裂，让食物有更好的稳定性。

消泡剂其实并不像我们想的那样只有消除气泡这一种作用，它还有抑泡、破泡作用，所以很多食品加工过程中都会用到它。消泡剂抑泡时间的长短正是检查消泡剂优劣的一个主要标志。因为消泡和抑泡是相对的，也就是说，如果消泡性能比较好，那么它的抑泡性能就会差一些。

常用的消泡剂

消泡剂多为液体复配产品，主要分为三类：矿物油类、有机硅类、聚醚类。

矿物油类	通常由载体、活性剂等组成。载体是低表面张力的物质，其作用是承载和稀释，常用载体为水、脂肪醇等；活性剂的作用是抑制和消除泡沫，常用的有蜡、脂肪族酰胺、脂肪醇等
有机硅类	溶解性较差，在常温下具有消泡速度很快、抑泡较好的特点，但在高温下具有易发生分层、消泡速度较慢、抑泡较差等特点
聚醚类	包括聚氧丙烯氧化乙烯甘油醚等。聚醚类消泡剂具有抑泡时间长、效果好、消泡速度快、热稳定性好等特点。例如在果蔬饮料、豆制品、蔗糖等生产过程中就会用到聚醚类消泡剂

乙醇是一种很好的消泡剂，但为什么啤酒中却有那么多泡沫呢？一方面是因为啤酒中所含的酒精浓度较低，另一方面是啤酒中的泡沫是用特殊工艺制造出来的，其目的是为了让啤酒能有一种比较特殊的口感。

11 水分保持剂
锁住水分保新鲜

水分保持剂是指在食品加工过程中，加入后可以提高产品的稳定性，保持食品内部持水性，改善食品的形态、风味、色泽等的一类物质。

水分保持剂的应用

水分保持剂除可保持食品水分外，还有提高产品稳定性，改善食品形态、风味、色泽等作用，它在肉、乳、淀粉类食品的加工中应用广泛。

❶ 水分保持剂在肉制品中的作用：肉
在冻结、冷藏、解冻、加热等加工
过程中，会失去一定的水分，不仅
使肉的质地变硬，而且会导致营养
成分的流失。因此，肉制品的保水
性是肉制品加工生产的关键，直接
关系到肉制品的品质。常用作肉制
品水分保持剂的有焦磷酸钠、磷酸、
磷酸三钠、六偏磷酸钠等磷酸盐类。
磷酸盐应用于肉制品加工中能起到
多重功能，除可保持水分以外，还
能提高乳化性等，从而改善肉的品
质，延长保质期。

❷ 水分保持剂在乳类制品中的作用：
随着人民生活水平的提高，乳类制
品的需求量也日益增加。尽管国内
乳制品不安全事件频频曝光，但乳

制品仍旧呈现出持续快速发展势态。因此，生产高品质的乳类制品就成为了当前乳制品企业开拓市场、提高竞争力的关键。在乳制品中使用的水分保持剂多为碱性盐类，这种盐类通过中和食物中过量的酸，以及与蛋白质的相互作用能改善奶酪蛋白的乳化和对水的结合量，能起到保持水分的效果。

❸ 水分保持剂在面包等淀粉类食品中的作用：有人会问，面包中没有多少水分，为什么要使用水分保持剂呢？其实，若没有水分保持剂，面包的口感会差很多。加工面包时，可用水胶态树胶来改善生面团的持水容量和改善生面团及烘焙产品的其他性质，可阻止面包老化和陈化，而且还能阻止面包在贮藏期间水分向面包表面迁移。

水分保持剂不宜过量使用

水分保持剂中磷被摄入过多时，会在肠道中与钙结合形成难溶于水的正磷酸钙，降低钙的吸收而可能导致人体骨骼中钙的流失，造成婴幼儿的佝偻病和成年人的骨质软化症及骨质疏松症。同时，磷酸盐添加过量不但不能提高肉的质量标准，反而会使肉制品有一股不好闻的磷酸盐味和肥皂味，尤其是在瘦肉比例大的品种中会形成橡胶化组织。

我国规定许可使用的水分保持剂有磷酸三钠、六偏磷酸钠、三聚磷酸钠、焦磷酸钠、磷酸二氢钠、磷酸氢二钠、磷酸二氢钙、焦磷酸二氢二钠、磷酸氢二钾、磷酸二氢钾10种。

12 具有催化作用的酶制剂

酶是以蛋白质为主要成分的生物催化剂。一切生物的全部新陈代谢都是在各种各样酶的作用下进行的，任何生物都能产生多种酶并保存这些酶。从生物中提取出的具有酶的特性的制品，称为酶制剂，专用于食品加工的酶制剂称为食品酶制剂。

认识神奇的酶制剂

酶制剂之所以广泛地运用于各个行业，和它独特的作用有关，而想要用好酶制剂，就要了解酶制剂的特点。

① **高效性**：酶有很高的催化效率，能让食品的各种成分之间的反应速率变得更快，也就能加快食品生产的速度。但有些酶的催化性也和辅因子有关。

② **专一性**：一种酶只能催化一种或一类反应，如蛋白酶只能催化蛋白质水解成多肽。

③ **多样性**：酶的种类很多，有 4000 多种。

④ **温和性**：酶所催化的化学反应一般是在较温和的条件下进行的。

⑤ **活性可调节性**：包括抑制和激活调节、反馈抑制调节、共价修饰调节和变构调节等。

⑥ **易变性**：由于大多数酶是蛋白质，因而会被高温、强酸、强碱等破坏。

酶制剂在食品中的应用

　　酶制剂应用在食品方面是从制作面包开始的，而它也确实让面包的品质得到了改善。但现在酶制剂的应用已经不仅仅局限在面包行业了，它还被用来改良面粉、加工馒头及其他面食制品。因为它主要是发酵微生物所得，具有天然、安全性高的特点，所以还被其他行业使用。如酒类的生产，其中的液化和糖化过程就需要淀粉酶和糖化酶的参与才能顺利进行。

　　酶在高温下易失活，所以酶的反应终点易控制，必要时通过简单的加热方法就能使酶制剂失活，终止其反应。另外，酶制剂多是由微生物发酵而生产出来的，保证了它的来源。酶制剂已应用于食品的解毒、代替溴酸钾、保鲜、检测等方面。

13 强化食品的营养强化剂

在食品中补充某些缺少的营养成分或特需的营养成分，称为食品的强化，所制成的成品称为强化食品，加工过程中所使用的营养成分添加剂称为营养强化剂。

强化食品的意义

由于各国人民的膳食习惯、地区的食物收获品种及生产生活水平等方面的限制，很少能使日常的膳食中包含所有的营养素。如使用精白米、面粉的地区缺少维生素 B_1，果蔬缺乏的地区则缺乏维生素 C，海产品缺乏的地区往往缺碘。另外，食品在加工、运输、贮存、销售的过程中会失去部分

甚至绝大部分营养素。因此，在食品中加入适宜种类和剂量的营养素，不仅能弥补天然食品的缺陷，而且还可合理地改变营养成分及其比例，以满足不同人群对营养的需要。

营养强化剂还可以提高食品的感官质量和改善其保藏性能。如维生素 E、维生素 C，它们既是营养强化剂，又是良好的抗氧化剂。

食品经强化处理后，食用较少种类和单纯的食品即可获得全面的营养，从而可简化膳食处理。特别是对婴幼儿，只需食用一种食品，即可获得全面的营养。某些特殊职业的人群食用强化食品，对膳食的简化更具有重要意义，如军队和地质工作人员所食用的强化压缩干燥食品，营养较全面，食用也方便。

营养强化剂的种类

营养强化剂主要可分为维生素、氨基酸和核酸以及矿物质三大类。

营养强化剂种类	常见食品添加物
维生素类	维生素A粉末、维生素B_1、维生素B_2、维生素C、维生素D_2、维生素E、叶酸
氨基酸和核酸类	L–天冬氨酸、L–色氨酸、L–丙氨酸
矿物质类	钙类：乳酸钙、柠檬酸钙、氧化钙 铁类：柠檬酸铁、乳酸铁、氯化铁 碘类：碘化钾、碘酸钾 锌类：葡萄糖酸锌、硫酸锌

在选择强化某种营养素之前，必须考虑膳食中该营养素的其他来源，一方面要保证摄入强化食品后该营养素水平不会过量；另一方面，该营养素的添加也确有必要，营养素的强化用量应该使其在膳食中的含量有明显的提高，以便摄入通常数量的食物即可得到充足的该种营养素。

真相在这里

使用强化剂应注意以下几点

1.强化用的营养素应是人们膳食中或大众食品中含量低于需要量的营养素；

2.易被机体吸收利用；

3.在食品加工、贮存等过程中不易分解破坏，且不影响食品的色、香、味等感官性状；

4.强化剂剂量适当，不会破坏机体营养平衡，更不会因摄食过量引起中毒；

5.卫生安全，质量合格，经济合理。

14

能保护食物的被膜剂

被膜剂是一种覆盖在食物表面后能形成薄膜的物质，可防止微生物入侵，抑制水分蒸发或吸收和调节食物呼吸的作用。被膜剂就是一种保护食物不被污染，让食品有更长保存期的物质。

不同的被膜剂因为特性不一样，在食物中的使用方法和剂量也不同，下面我们就来看看这些被膜剂的特性。

紫胶

紫胶又叫虫胶，为暗褐色透明薄片或粉末，脆而坚，稍有特殊气味。紫胶属于天然的动物性药品，具有清热解毒功效，没有毒害作用，相对比较安全。在巧克力、威化饼干中，最大使用量为 0.2 克 / 千克。

石蜡

石蜡又叫固体石蜡、矿蜡、微晶蜡，是一种无色或白色蜡状物质，无味，有滑溜感，但在室温条件下很硬。用于胶姆糖基础剂，最大使用量为 50 克 / 千克。

白油

白油又叫白矿物油、液体石蜡，是一种无色半透明油状液体，无或几乎无荧光，在一般情况下没有味道，而加热时略有石油样气味。将其涂抹在食品上，就能防止食物和其他物质接触，避免食物遭到污染。白油易乳化，具有渗透性、软化性和可塑性的特点。可用于软糖、鸡蛋保鲜，最大使用量为 5 克 / 千克。也可按生产需要适量用于面包脱模、发酵工艺。

吗啉脂肪酸盐

吗啉脂肪酸盐又叫果蜡，是一种淡黄色至黄褐色油状或蜡状物质，微臭，可用于水果保鲜，用量可根据生产需要适量添加。

松香己戊四醇酯

松香己戊四醇酯是一种硬的浅琥珀色树脂，可溶于丙酮、苯溶液，但不溶于水及乙醇。用于果蔬保鲜，最大使用量为 0.09 克 / 千克。

二甲基聚硅氧烷

二甲基聚硅氧烷是一种无色透明黏稠液体，无味。主要和其他食品添加剂一起使用，如与脂肪酸酯类混合。不仅可以作为被膜剂，它还能作为消泡剂使用。

巴西棕榈蜡

巴西棕榈蜡是一种浅棕色至浅黄色硬质脆性蜡，具有树脂状断面，略有气味。可以用在巧克力糖豆的加工中，最大用量为 0.18 克 / 千克。

硬脂酸

硬脂酸是一种白色至淡黄色硬质固体，或为表面有光泽的块状结晶，或为白色至略带淡黄色的粉末。有微弱的特殊香气，有类似牛脂的气味。用于糖果加工，用量可以根据生产需要适量使用，最大使用量为 15 克 / 千克。

15 防止食品聚集结块的抗结剂

抗结剂又称抗结块剂，用于防止颗粒或粉状食品聚集结块，保持它们松散或自由流动状态。我们日常所食用的食盐、小麦粉、蔗糖、糯米粉等是容易吸湿结块的食品原料，需要添加颗粒细微、松散多孔、吸附力强的食品抗结剂，吸附在原料中容易形成结块的水分、油脂等来保持食品的粉末或颗粒状态，以便于使用。

抗结剂产生抗结作用的机理

抗结剂颗粒和主基料颗粒之间存在亲和力，它们能形成一种有序的混合物。一旦抗结剂颗粒与主基料颗粒黏附，就会通过以下途径来改善主基料流动性和提高抗结性。

❶ 提供物理阻隔作用。当主基料颗粒表面被抗结剂颗粒完全覆盖住以后，由于抗结剂之间的作用力较小，形成的抗结剂层自然成了一种阻隔主基料颗粒相互作用的物理屏障。这种物理屏障一方面阻隔了主基

料表面的亲水性物质，另一方面能降低颗粒间的摩擦力，增加颗粒的流动性。

❷ 通过与主基料颗粒竞争吸湿，来改善主基料的吸湿结块倾向。一般来说，抗结剂自身具有很大的吸湿能力，在与主基料竞争吸湿的情况下，会减少主基料因吸湿性而导致的结块倾向。

❸ 通过改变主基料结晶体的晶格，形成一种易碎的晶体结构。当主基料中能结晶的物质的水溶液中或已结晶的颗粒的表面上存在有抗结剂时，它不仅能抑制晶体的生长，还能改变其晶体结构，从而产生一种在外力作用下十分易碎的晶体，使原本易形成坚硬团块的主基料的结团现象减少，改善其流动性。

什么物质可用于食品添加剂中的抗结剂？

我国许可使用的抗结剂目前有 5 种：亚铁氰化钾、硅铝酸钠、磷酸三钙、二氧化硅和微晶纤维素。除亚铁氰化钾和磷酸三钙的每日允许摄入量（ADI）值有规定外，其他抗结剂均为 ADI 值无需规定的一般公认安全物质。亚铁氰化钾在标有"绿色"二字的食品中禁用。

亚铁氰化钾俗称黄血盐，是国内外广泛使用的食盐抗结剂。亚铁氰化钾中的铁和氰化物之间的结构稳定，只有在高于 400℃时才可能分解产生氰化钾，日常烹调温度低于 340℃，因此，亚铁氰化钾分解的可能性极小，按照规定限量标准添加，不会对人体健康造成伤害。

亚铁氰化钾在食盐及代盐制品中用作抗结剂时，根据《GB 2760-2011食品添加剂使用标准》规定，其最大使用量为0.01克/千克。欧盟也批准亚铁氰化钾作为食品添加剂使用（抗结块剂之列），在95/2/EC指令[3]中规定最高允许用量为0.02克/千克（以无水亚铁氰化钾计）。

16 让食物更鲜美的 增味剂

增味剂又称风味增强剂，是指补充或增强食品原有风味的物质。广义上讲，呈甜、酸、苦、辣、咸、鲜、凉等味的调味物质都属于增味剂。但在我国，增味剂历来是指鲜味剂，即指以能够强化或补充食品鲜味为目的的增味物质。

食品增味剂的特点

1 本身具有鲜味，而且呈味阈值较低，即使在较低浓度时也可以刺激感官而显示出鲜美的味道；

2 对食品原有的味道没有影响，即食品增味剂的添加不会影响酸、甜、苦、咸等基本味道对感官的刺激；

3 能够补充和增强食品原有的风味，能给予一种令人满意的鲜美的味道，尤其是在有食盐存在的咸味食品中有更加显著的增味效果，鲜味不影响任何其他味觉刺激，而只增强其各自的风味特征，从而改进食品的可口性。

食品增味剂的分类

　　增味剂主要分为有机酸类、核苷酸类和氨基酸类等三类。另外，一些甜味剂也具有增味功能，如糖精钠和纽甜。辣椒提取物辣椒油树脂可以增加和赋予食品辣味，但是它们不属于增味剂。

① **有机酸类**：可作为食品增味剂的有机酸类有琥珀酸二钠，它通常与谷氨酸钠并用，常用于酒类、清凉饮料、糖果等食品。

② **核苷酸类**：包括5'-肌苷酸二钠和5'-鸟苷酸二钠，以及它们的混合物5'-呈味核苷酸二钠。能增加和赋予食品鲜味，而且与氨基酸类鲜味物质同时使用，呈现倍增效果。5'-肌苷酸二钠有特殊的类似鱼肉的鲜味，5'-鸟苷酸二钠有特殊的类似香菇的鲜味，鲜味强度高于肌苷酸。

③ **氨基酸类**：化学组成为氨基酸及其盐类的食品增味剂统称为氨基酸类增味剂。我国常用的氨基酸类增味剂有谷氨基酸钠，国外常用的有L-谷氨酸、L-谷氨酸钠、L-谷氨酸钾、L-谷氨酸钙等。

真相在这里

塑料杯装柳橙汁有毒？

塑料容器不是遇热才有毒，常见的塑料杯装入柳橙汁等酸性果汁，照样会溶出有毒成分。长期使用塑料杯装酸性果汁的话，对身体很不利，情况严重者甚至可能致癌。

chapter

3

营养师教你辨别
食品添加剂的好与坏

由于加工食品频频爆出丑闻，人们开始对加工食品，特别是食品中的添加剂产生畏惧和不信任感。其实，食品添加剂的使用是合法的，其安全性也非常高。本章将为大家正确解读食品添加剂的好与坏。

01 食品添加剂与我们的生活息息相关

当我们吃蛋糕时，会感觉到它的松软细腻可口。对于它为何具有这样的口感，你或许不知道。其实，蛋糕的每一种特征都来自食品添加剂：其松软，是膨松剂的功劳；其细腻，是依靠蛋糕油做到的；其奶香，是奶精的味道，等等。总之，没有食品添加剂，根本做不出这样可口的蛋糕。可以说，食品添加剂与我们的生活息息相关。

添加剂蓬勃发展的缘由

让我们将时间往前追溯40年，那时候大部分老百姓的生活可以说都是以温饱为主，每天只要能吃饱饭就满足了。那时候的菜市场也没有多少可以选择的余地，大家也有充裕的时间待在厨房里做饭。

而如今，人们的生活节奏越来越快，很多家务劳动早已经被社会化和商品化。与40年前的食品工业相比，现在的食品工业发展得很快，在给百姓们带来很多便利的同时，也让人们对食品添加剂增加了种种揣测和恐慌。对此有人不禁疑惑了：是什么刺激着食品添加剂的迅猛发展？

现在多数人在买东西时都非常注重食品的"色香味形"。当自己在家烹煮牛肉变成难看的褐色时，就对外面买回来的粉红色或酱色的牛肉制品有所偏爱了。还有，在家亲自下厨做好的油炸食品，稍微放凉后就会变软渗油；亲自和面蒸的馒头放了半天就会变得硬……这些都是来自食品本身的自然现象，虽说很正常，但往往是我们所"不能容忍"的。于是，在这种"完美"期望心理的驱使下，人们更愿意接受那些始终挺拔酥脆的煎炸食品、放了几天后还能保持松软的面包……

健康和美味往往是很难完美统一的，任何一种天然食物中的营养物质，都很难在加工中完全保留，并且得以保存的营养物质的保存期限也不会太久。因此，在我们一味地追求食品的方便和快捷时，必然要牺牲一部分健康特性。

正确认识加工食品

各种食品安全事件的频繁发生，导致了不少消费者错误地认为：纯天然的食品最安全，一旦食品和添加剂沾边，就肯定或多或少地存在一定的问题。

事实上，某种食品是否有毒，是不能以是否纯天然作为判断标准的。在我们日常生活中，像某些蔬菜，如菜花、扁豆、四季豆、黄花菜等，它们本身就含有一定量的天然毒素，如果不加工处理，危害性是非常大的。

当然，错误的食品加工方法是要坚决杜绝的。但是作为消费者，加工过程我们根本看不到，也无法辨别其是否正确。因此，我们平时最应该关注的还是食品的微生物安全。比如没有使用农药生产出来的有机蔬菜，它里面就极有可能藏匿着含量很高的微生物，所以在吃的时候，我们还是要注意先清洗干净再食用。

《中华人民共和国食品安全法》中对食品安全作了明确定义：食品安全是指食品无毒、无害，应该符合应有的营养要求，对人体

健康不造成任何危害。对此，大家千万不要认为食品安全是绝对的，因为我们通常所说的安全性是指风险的概率很小，甚至可以忽略不计。比如说食品中微生物的污染，哪个加工企业能够做到绝对安全？没有。因为要做到绝对安全，往往要加大产品成本，势必也会降低经济效益，所以很难做到。

总之，对于食品加工，我们必须要有这样的正确认识：它是保证食品安全性的一种必不可少的手段，如果缺少了这个过程，很多所谓天然的食品其实对我们身体的危害程度会大得多。

《中华人民共和国食品安全法》是为保证食品安全、保障公众身体健康和生命安全而制定，由全国人民代表大会常务委员会于2009年2月28日发布，自2009年6月1日起施行。

没有食品添加剂就没有现代食品

如今接二连三出现的食品安全事件，让大家对食品添加剂心存恐惧。有不少人认为国家应该下令取消食品添加剂的使用。在这里我们暂且不说取消食品添加剂这种观念的对与错，我们可以先简单假设一下，如果没有食品添加剂，我们未来生活的状态是怎样的，这就足以让大家得到启发。

让我们把视线转向与食品密切相关的超市。假如除去添加有食品添加剂的食品，来看看超市里所有吃的东西都还能剩下哪些。首先出现在我们视野中的是各种各样的奶粉，比如加了卵磷脂的速溶奶粉，加了很多营养强化剂的强化奶粉等，这些食品中都含有食品添加剂，所以就得先把它们下架。接着往里走，看到的是饼干和焙烤制品区，这些食品里不可避免地添加了膨松剂、乳化剂、抗氧化剂、甜味剂、饼干改良剂等，这些添加剂在饼干、烤薯片、蛋黄派一类的食品里面都有。那么，我们又得把它们都下架。

现在我们来到了方便面货架前，这个更不用说了，方便面中也有食品添加剂。往前走，我们看到了小孩子爱吃的巧克力糖果类，这个也不必细说，都含有添加剂。接下来是复合调味料，这些也毋庸置疑，更是各种食品添加剂的组合。走到超市的冷冻区，里面摆着各种肉制品，还有一些酸奶、冰激凌、冷冻肉丸、水饺、汤圆等，它们里面也都有食品添加剂。

走到超市饮料区和包装鲜奶、早餐奶等奶制品区，那里面的食品添加剂也少不了。之后，我们看到了食盐和白糖，可能有的朋友就开始欣喜若狂：这两种东西应该属于纯净食品吧？错了！别光看表面，其实它们都含有抗结剂呢！

当我们把整个超市都逛了一圈后，回过头来看看，貌似只有新鲜蔬菜和水果属于天然食品，不含添加剂。但是我要告诉你，其实有些水果的表面打了果蜡，蔬菜里面极有可能残留着农药。

既然超市里的食品都有添加剂，那我们回家吃总安全了吧？其实不然，豆腐和豆腐脑里都加了凝固剂；粉条里可能加了明矾或增稠剂，所以酸辣粉也不能吃了；至于火锅里，更有味精、辣椒精、香精等添加剂。除此之外，我们已经吃了上千年的油条，更是众所周知地加了明矾和碱。

所以看到这里，我们不得不很无奈地说，假如生活中真的没有了食品添加剂，那我们能吃的东西几乎就很难找到了。

由此可见，想彻底将食品添加剂从我们的生活中驱逐出去，根本是不现实的。我们不可能自己在家发酵大豆做酱油，也不可能不去餐厅吃饭。而正是由于多方面的需要，食品工业在多种多样添加剂的帮助下，才有今天如此迅猛的发展速度，成为国民经济主要的支柱之一。

在使用食品添加剂之前，相关部门都会对添加剂成分进行严格的质量指标及安全性的检测。完善的审批程序和监督机制都是保证食品添加剂安全的重要保障。

真相在这里

　　俗话说"剂量决定毒性"。食品添加剂的安全性归根结底是要看用了多大的量和吃了多少，而和使用的品种和数量没有必然联系。只要符合国家的相关标准，食品添加剂的安全性是有保障的。

食品添加剂带来的便利生活

面对几乎在所有食品中都存在的食品添加剂，我们不禁要问：离开了食品添加剂，我们真的就吃不到好吃的东西了吗？答案是：不是。但是大家也要明白一个事实：没有食品添加剂的帮忙，生产厂家会花很大的精力和财力才能做出成品。这样，商品价格自然会高出很多。

比如用传统方法生产酱油的周期需要半年至一年，现在只需要 20 天。也就是说，现在卖 5 元的酱油可能要卖 45 元至 90 元，才能保证传统食品生产商的合理利润。但如果是这个价格，又有多少消费者会购买呢？

再比如，使用了化肥和农药种出来的大白菜，一般只卖 2 元一棵。但是如果不用化肥和农药来帮忙，那种花费了很大精力和时间种出来的有机大白菜，至少要卖到 25 元一棵。作为消费者你又愿意买哪棵呢？从商家的角度来说，这种东西一旦卖不出去，很快就会坏掉，那么这种巨大的经济损失谁来承担？肯定是农民朋友。所以，他们谁都不愿意冒这种风险去种不含化肥和农药的有机大白菜，除非种出来的有机蔬菜有人会按合理的价格照单全收。

没有食品添加剂，我们不得不喝分层变色的苹果汁，不得不吃那些因为面团过度发酵而变硬的馒头，也不得不吃被包装纸粘住的糖果。

很多食品添加剂很早就有

近年来，随着三聚氰胺、塑化剂、面粉增白剂、染色馒头等一系列食品安全问题的不断涌现，食品添加剂屡次成为人们关注的焦点。防腐剂、染色剂、抗氧化剂……面对这些以前从来也没有听说过的新鲜名词，不少人都感到了莫名的恐慌。

但实际上，现代食品添加剂的开发，很多是源于民间传统食品。比如江南一带有个风俗，每年农历四月初八都要用乌饭树叶来做乌饭吃，而这种树叶被榨成汁后渗入糯米中，就可以使米饭染色，并且吃了之后对人体有强壮筋骨的作用。现代研究也发现，这种乌饭树叶中色素的主要化学成分是一种叫槲皮素及酚苷的物质，它不仅着色力极强，而且还具有抑菌、抗疲劳的作用。因此，有一些现代科研工作者正准备把这种物质研发成食品着色剂来使用。

无独有偶，据史料记载，在宋朝，官兵打仗，吃肉是个大难题。因为打仗需要辗转流动，加上路途遥远，肉块根本就保存不了多长时间。后来，有人想出了一个办法，把四川自贡产的一种盐抹在肉块上，然后将其挑于枪尖。这样一来，不仅肉块可以长期保存，而且颜色也非常好看。有现代科技工作者对贡盐进行了研究，结果发现，在这种盐里面含有其他地方的盐所缺少的成分——亚硝酸钠，这个成分对肉类的腌制具有多种有益的功能。所以，现在亚硝酸钠进入了《食品添加剂使用标准》，成为一种允许合理添加使用的护色剂。

02 营养师带你认识
食品添加剂的好

食品添加剂在食品加工中之所以会这么广泛应用，主要是因为食品加工业已经离不开添加剂的参与。所以，人们不要只看到滥用食品添加剂带来的弊端，还应该看到食品添加剂给我们的生活带来的便利。

延长食品保质期

食品的保质期是指食品在正常条件下的质量保证期限。食品的保质期由生产者提供，标注在限时食用的食品上。在保质期内，食品的生产企业对该食品质量符合有关标准或明示担保的质量条件负责，消费者可以安全食用。每种食物都会有保质期，这不仅和食物的品质有关，也和它添加的食品添加剂有关。也就是说，添加剂

在制作食物的过程中能起到保护其品质的作用，其中防腐剂和抗氧化剂发挥着主要的保护作用。

消费者要注重保质期

保质期基本上就等于食物能够食用的期限。一旦过了这个期限，那么食物的食用价值就会大大降低，甚至还可能会损害人体健康。所以，食品的保质期是必须看重的。

距离保质期限的时间越长，就意味着食物的品质越好，营养就会越丰富，也是食物最佳的食用时期。所以，大家购买食物时，应该选择离保质期限长的食物。

在现有的技术条件下，食物保质期的长短和防腐剂使用的多少并没有必然的关系。也就是说，并不是防腐剂用得多，食品的保质期就长。食品保质期的长短主要是由食品本身的特质、包装类型和生产工艺决定的，很多食品即使没有使用防腐剂也能够保鲜。比如说罐头、罐装饮料，它们能通过真空、密封、杀菌等手段来实现食品的长期存放。

大家有时可能会碰到一些没有标注保质期的食物，这时大家应该拒绝购买，因为这种食物的质量没有保障。

过了保质期的食品

食品过了保质期，很多人会选择扔掉。或许有人会问，这样扔掉的话会不会太可惜？那么，过了保质期的食物真的就不能吃了吗？

事实上，过了保质期的食物并非完全不能吃，只是吃这种食物出问题的可能性会比较大。过了保质期说明食物过了最佳食用期，食物的营养已经大打折扣了，而且变质的可能性也大大地增加了。就像疾病有最佳治疗期，如果在这段时间没有治疗，那么之后再治疗的难度就会加大，而且还有可能会留下后遗症。所以说，食物要及时吃，病要及时治。

防腐剂和抗氧化剂的保护作用

防腐剂和抗氧化剂在食品制造中能够有效防止食品腐败及氧化变质，从而能够很好地保持食品的营养。新鲜的食物和水分较多的食物如果不及时进行防腐、保鲜，很快就会腐败，通常温度越高，能够保存的时间就越短。食品在腐败过程中，色泽、气味、营养等都在发生变化，食物的品质会不断下降。为了能让食物顺利地走到人们的餐桌，使用防腐剂和抗氧化剂是一个很好的选择。

防腐剂能防止食品腐败变质，还能防止微生物引起的食物中毒，由此延长食物保存的期限；而抗氧化剂能推迟食物的氧化变质，让食品具备更好的稳定性。一些水果、蔬菜也能用抗氧化剂来保鲜，有利于保存。

🌿 食物防腐的其他办法

有的人会问：这么说，要是没有防腐剂和抗氧化剂，那我们岂不是没有什么可以吃的了？对于大多数食物来说确实是这样，不过，有些食物还是可以用其他办法来保存的。

可以用干制的方法保存。大家在生活中一定见过各种干货，它们就属于不用防腐剂和抗氧化剂保存的食物。这种保存方法的原理很简单，因为微生物在水分含量比较低的环境中难以生存，所以当我们将食物中的水分含量降到足够低时，食物就能保存很长时间。

另外，还可以用辐射的办法保存。其实辐射方法同杀菌保存的道理一样，这种杀菌方法有很多优点：

❶ 可以在常温下杀菌，而不用改变食物的温度，可以给那些不适合高温处理的食物消毒。

❷ 辐射的穿透性比较强，杀菌比较均匀、彻底。

❸ 辐射杀菌一般不会使食物产生不利的变化。

❹ 辐射最大的特点就是能延缓蔬菜的生理变化，比如经过辐射的大蒜不会再发芽，蘑菇也不会继续打开伞盖。

在我国，食品的保质期是由《中华人民共和国药典》的规定和实验室数据双重确定的。在制定一种食品的保质期前，需要对食品进行微生物实验、理化实验及感官检查等客观的质量变化分析。在进行微生物试验时，常要检查大肠杆菌和金黄色葡萄球菌等。

能防止食物中毒

　　食品中如果没有食品添加剂，大多数食品在短时间内就会发生霉变，进而产生一些毒素。人们吃了这样的食物，轻则引起身体不适，产生腹痛、腹泻等症状，重则可能会威胁人们的生命。而食品添加剂能延长食物保存时间，防止微生物滋生，所以大家不应该排斥添加剂的存在。

🌿 食品添加剂能抑制微生物的生长

　　大家经常会听说食物中毒事件，那大家知道食物中毒是怎么回事吗？很大的原因是食物存放的时间长了，其中的微生物大量繁殖，并在这个过程中产生了一些有毒的物质，导致食用者中毒。

　　若是食物保存不当，那么食物中的营养就会为微生物的生长提供养分，它们就能快速生长繁殖，其中以细菌最多，所以食物中毒多为肠道感染。若在食物中添加食品添加剂，如防腐剂，就能大大地抑制食品中微生物的生长，减少致病性微生物数量，避免食物腐败。所以说，食品添加剂能防止人们出现食品中毒的情况。要是不使用食品添加剂，那么大家需要看病的次数就会大大增加。

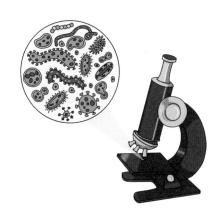

🌿 食物腐败与防腐剂的重要作用

食物会腐败并不像表面看起来那么简单，它其实包括四个方面：

① 长时间搁置导致食物脱水，食物中的维生素流失。

② 食物中所含的油脂酸败。

③ 食品中的氧化酶在适宜的温度下发生了氧化作用。

④ 微生物引起食物中蛋白质的腐败和油脂的酸败，食物变质散发出难闻的气味就是由此而来。

防腐剂能防止食物腐败，就是因为它能抑制食物中微生物的生长。食品防腐虽然不止使用防腐剂一种方法，但使用防腐剂这种方法不仅能防止食物腐败，而且还能在最大程度上保持食物原来的面貌，提高食品的安全性。晒干、盐渍、速冻等虽然也能防止食物腐败，但达不到使用防腐剂的效果，而且有的防腐方法只能用在一些特定的食品上，而防腐剂的使用范围更加广泛，它对食品的种类没有特别的限制。

🌿 没加防腐剂的食品也会有毒

人们反对食品防腐剂主要是觉得它会对人体健康有害。那么，没有防腐剂的食品就一定会安全吗？事实并非如此。

有的人觉得，只要将食品保存好，即使没有防腐剂的存在，食品也不会发生腐败。其实很多细菌即使在低温环境中同样能生存，况且一般家用冰箱的温度都不会调到很低，并不足以杀死所有的细菌。所以大家会发现，即使是放在冰箱中的食物，它的颜色、味道还是会发生变化。

高温杀菌不能完全杀灭微生物，有些细菌不怕高温，而且食物一旦恢复到低温状态，微生物又会活跃起来，所以，使用添加剂是最合适的方法。

能让食物色彩艳丽

我们经常看到一种食物具有很多不同的颜色，这不仅能带给大家更好的视觉享受，也能增加食欲。可能有人要问是什么造就了食物丰富的色彩呢？答案就是食品添加剂——色素。说起色素大家一定不会陌生，生活中大家到处都会看到色素的身影。色素能让大家更好地享受美食，但色素的使用要严格地遵守国家的相关规定，才能保证食品的安全。

食品色素

食品色素一般分为天然色素和人工合成色素两类。天然色素主要来自植物或者微生物，如天然苋菜红、焦糖色、高粱红、栀子黄等，它们都广泛地应用在食品行业中。我国允许使用的食品色素大部分也都属于天然色素。

人工合成色素是经过人工化学合成的方法得到的色素。我国目前允许使用的人工合成色素主要有 11 种，如酸性红、苋菜红、靛蓝、日落黄等。

相对于人工合成色素来说，天然色素不仅有更高的安全性，而且还有营养强化功能。但天然色素有一个硬伤，就是其中的色素含量比较低，着色能力和稳定性都比较差，所以成本相对高了很多。色素是否对身体有危害，其实主要看其用量的多少，如果用得多了，即使是天然色素，也会带来健康问题。

葡萄皮中的葡萄多酚就是一种天然色素，用葡萄酿造出来的葡萄酒，不仅有很好看的颜色，而且还有保护人体心血管系统的功能。

护色剂的神奇作用

护色剂，毫无疑问，就是保护食品颜色的一种添加剂，因为它的存在，很多食物的颜色得以保存完好。目前我国允许使用的护色剂有硝酸钠、硝酸钾、亚硝酸钠和亚硝酸钾4种。

护色剂不仅可以提高色素的稳定性，还能防止食物被分解和破坏。我们知道，买回来的新鲜食物放了一段时间之后，它的颜色会发生变化，这其实是因为这些食物暴露在空气中发生了氧化反应。它们虽然没有变质，但看起来很不舒心。所以，为了避免食品因颜色发生变化而影响销售，有些企业就会在加工过程中添加护色剂。而护色剂不仅能保护食品的颜色，还能抑制细菌的生长，起到保护食品的作用。

漂白剂——食品的"美白护肤品"

说到色素，不得不同时说说漂白剂。漂白剂分为氧化漂白剂和还原漂白剂两种。漂白剂会破坏食物中的成色物质，让食物看起来更干净，有更好的卖相，或者让食品更容易着色。这对食品生产来说是一件好事。但由于一些不法商家滥用漂白剂，导致人们对漂白剂产生了极不好的印象。其实在国家规定的范围内使用漂白剂是不会有安全问题的。

氧化漂白剂的用处很大，过氧化氢溶液、漂白粉、次氯酸钠等都属于氧化型漂白剂。氧化漂白剂不仅能用于漂白，而且因其强氧化性，还能给食物杀菌。当然，它们也可能会破坏食物的部分营养。这类漂白剂广泛应用于菌菇类、莲子、竹笋等食物的漂白。

醋并不是颜色越深越好，因为醋的好坏跟颜色的深浅没有直接关系，即使不是长时间陈酿的醋也能用"焦糖色素"将其颜色变深。因此，购买时还是要看其颜色是否正宗、清亮，有没有杂质。

还原型漂白剂的限制较多。这类漂白剂大多是二氧化硫的衍生物，现在允许使用的有硫黄、亚硫酸钠、二氧化硫等。常用的方法有气熏法、浸渍法。根据食物的不同，使用的方法和用量都不一样。但如果操作不当可能会有二氧化硫残留物超标，损害人体健康。

使食物更具风味

我们常发现，同一种食物能够演绎出不同的口味，而且每一种口味都让人回味无穷。其实这都是食品添加剂的功劳。将适宜的食品添加剂加入食物中进行调味，就能制造出复杂的滋味盛宴。

"有滋有味"的调味剂

人活着就要吃东西，从食物中获取足够的营养保证生理功能的正常运转。但人们吃食物不仅是为了从食物中获取能量，同时也是为了从它的味道、口感、变化等方面获得更多的满足，这才是享受生活，生活也因此才有了更多的意义。食品添加剂的使用正好满足了人们的这种需求，它让食物变得更加可口。

很常见的一个例子，大家在家里做饭时，都会准备好味精、鸡精、胡椒粉、十三香等调味料，而添加了这些调味料的食物也会别有一番滋味。它们其实都是食品添加剂。大家常见的饮料和冰激凌等有不同的口味，其实它们主要是靠香精等添加剂实现的。由此可见，食品添加剂的使用让人们的生活变得更加有滋有味。

香精、香料对食物的调节作用

生活中人们一定会感到奇怪，那些没有添加水果的饮料为什么能喝出果汁的味道，没有茶叶的饮料也能喝出茶的味道，没有多少肉却能炖出一锅香味四溢的肉汤？其实这就是食品添加剂中香料、香精的作用。

食品在加工过程中不仅会产生颜色上的变化，而且营养、香味等都会有所损耗，使用香料、香精就能让这种情况得到弥补。香料、香精的使用能提高或改变食物的味道。目前，食品加工中基本都会用香精、香料来改善食品风味。

香精、香料的安全性不仅和用法、用量有关，也和制作的原材料有关。而且香精有一个特点，就是如果使用的量较多，不仅没有提香的效果，还会产生刺鼻的气味。

香精、香料让人防不胜防的安全问题还是不法商贩以次充好，用香精、香料来掩盖不合格材料的问题，所以大家对香料、香精的安全问题还要多关注。

酸甜可口的酸味调节剂

大家吃到那种酸甜可口的食物时总会觉得很爽快，但大家知道现在其实已经很少能吃到由食物本身携带的酸甜味道了吗？现在，更多食品中的酸甜味道其实是由酸味调节剂赋予的。

现在用作酸味剂的主要是有机酸，可以是天然的，也可以是人工合成的；而无机酸则多为磷酸。很多有机酸都是食品的正常成分，能够参与人体正常的新陈代谢，所以酸味剂的安全性也比较高。

我国现在允许使用的酸味剂主要有 18 种，下面为大家介绍几种常用的酸味剂。

❶ **柠檬酸**：柠檬酸应用比较广泛，而且入口就能达到很高的酸感。柠檬酸的酸味还可以掩盖或减少某些异味，比较适合用于果汁饮料中。

❷ **乳酸**：常用的是 L- 乳酸，它的异构体 D- 乳酸对婴儿有害，所以禁止使用在婴儿的食品中。这种酸味剂的应用比较广泛，糖果、饮料、冰激凌等食品中都能用。啤酒中添加乳酸不仅有利于酵母发酵，还能提高啤酒的质量，增加风味。

❸ **苹果酸**：苹果酸主要存在于苹果中，既可以天然提取，也能人工合成。苹果酸的酸度比柠檬酸略弱，但它能在口腔中停留较长时间，一般会和柠檬酸互补使用。在水果中使用苹果酸还有很好的抗褐变作用。

❹ **磷酸**：磷酸是一种无机酸，其酸度是柠檬酸的 2 倍多，能在人体中正常代谢，通过肾脏排出体外。磷酸的浓度较高，使用的时候要注意控制好量。

酸味调节剂虽然对人体的危害不大，但是酸味对人体有一定的刺激性，所以大家要控制好酸味剂的使用量。

乳酸和苹果酸限于食品制造或加工必需时使用，可于各类食品中视实际需要适量使用，但苹果酸在婴儿食品中不得使用。

赋予食物不同的形态

食物的好坏不仅取决于食物的色、香、味，也取决于它的形态和质地，那些在厨艺上有造诣的人也非常注重给食物赋予各种形态。这不仅为了显示个人技艺的高超，更重要的是食物的形态和质地也会影响食客的胃口。而一些食品添加剂的出现，正为食物有更好的形态和质地提供了条件。

增稠剂让食物更有质感

相信很多人都吃过果冻，它就是靠增稠剂让果汁凝固起来的典型例子。增稠剂是具有亲水性的胶状物质，有很强烈的亲水作用。当它分散在溶液中时，能提高液体的黏稠度，从而形成凝胶，让食品形成稳定、黏稠、胶状的形态。我国目前规定有 39 种可以限量使用的增稠剂，能够用于乳制品、冷冻制品、糕点类、肉制品、饮料等 16 大类食品中。

我们现在使用的增稠剂大多是天然的，可以分为四类：

① 从动物身上提取的明胶、酪蛋白、乳清蛋白等。

② 从微生物中提取的多糖类、葡聚糖等。

③ 从海藻中提取的琼脂、鹿角藻胶、褐藻胶等。

④ 从植物中提取的果胶、瓜尔胶等。

除了从动物身上提取的增稠剂外，其他增稠剂都属于膳食纤维范畴。所以它们不仅是一种食品添加剂，还对人体有一定的保健作用，膳食纤维对预防肥胖、心血管等疾病有辅助疗效。

抗结剂让食物不结块

人们大多会有这样的心理：一旦某种食物结块了，它的质量很可能已经出了问题。因为抗结剂的出现，生活中我们已经很少见到结块的食物。

抗结剂的主要作用就是防止颗粒或分装食品聚集结块，保持其松散或自由流动的特性。目前我国主要使用的抗结剂有硬脂酸镁、碳酸镁、亚铁氰化钠、硅酸钙等。

食物中为什么会用抗结剂呢？食物结块说明食物中的水分多了，如果食品聚集在一起，更容易出现质量问题。更重要的是，集结在一起的食品看起来总会让人心里感到别扭，比如结块的盐怎么也没有松散的盐看起来舒服。有时候食品虽然没有坏，但只要看到结块了，我们还是会有一种想要扔掉它们的冲动。其实抗结剂主要就是为了方便我们的生活，一般不会带来什么危害。

🌿 乳化剂能提高食品的保存性

乳化剂是乳浊液的稳定剂。乳化剂能改善食品各种成分之间的表面张力，使这些成分能够均匀地分散，从而改善食品的结构、外观、口感等，同时还能提高食品的保存性。

乳化剂具有乳化、起泡、破乳、悬浮、润滑等作用，在各种食物之间能起到很好的调节作用。包括对淀粉、蛋白质有络合作用，对结晶物质有调节作用，还有发泡和充气作用，能提高乳化液的稳定性。

满足特殊人群的需要

有些人因自身的一些特殊情况，想吃某种食物却对其中的某些物质有所顾忌而不能吃，这时，添加剂便能很好地解决他们的烦恼。如肥胖者不宜食用过多的糖类，但是糖的甜味往往是他们最喜欢的口味。面对这种情况，添加剂中的甜味剂便能有效化解这两者之间的矛盾，既让肥胖者享受到了美味又不至于因摄入过多糖类导致更加肥胖。

🌿 认识常见的甜味剂

甜味剂在食品加工中非常常见，下面为大家介绍几种常用的甜味剂：

❶ 糖精钠：这是一种最为古老的甜味剂，据说是在100多年前被偶然发现的。糖精钠性能比较稳定，价格也比较低，但它的甜度是蔗糖的200~700倍，有很明显的苦味。国家严格控制糖精钠的使用，尤其在婴幼儿食品中。

❷ 甜蜜素：甜蜜素的甜度是蔗糖的30~80倍，甜味比较纯正，没有什么异味。它的稳定性也很高，而且不能被人体吸收。甜蜜素曾经被曝出会引起大鼠膀胱癌而被禁用，但后来科学家指出，还无法证明甜蜜素就是致癌物质。我国食品行业中应用最多的甜味剂也是甜蜜素。

❸ 阿斯巴甜：是一种人工合成的甜味素，其甜度是蔗糖的200倍，甜味比较纯正，没有异味，是目前最接近蔗糖甜味的甜味剂。阿斯巴甜的能量较低，不需要胰岛素进行代谢，所以很适合糖尿病患者作为甜味剂使用。值得注意的是，阿斯巴甜在代谢过程中会分解产生苯丙氨酸，所以不适合苯丙酮尿症患者食用。

❹ 木糖醇：稳定性较好，而且在人体中的代谢不需要胰岛素参与，所以也是糖尿病患者理想的代糖品。

❺ A-K糖：甜味纯正，无不良味道，与阿斯巴甜合用时有明显的增效作用，代谢也不需要胰岛素的参与。

甜味剂，享受甜味不发愁

甜味总能让人感到舒坦和幸福，但是有些人出于健康考虑却不得不在这方面严格克制，比如肥胖者和糖尿病患者。

对于肥胖者而言，能吃到甜味的食品而体重不会增加一定是一件非常幸福的事。甜蜜素、安赛蜜等甜味剂便能解决这一烦恼，它们进入人体之后不会参与新陈代谢，也不会产生能量，最后会被完全排出。也就是说，甜味剂能给肥胖者带来甜蜜的味道，却不会增加负担。

但是甜味剂并不能完全和蔗糖相比，因为它们的甜味不够纯正，有的还可能带有苦味或金属的味道。比如我们小时候吃过的爆米花，其中就会加入糖精钠这种甜味剂，会有一种苦味。

大家经常吃的木糖醇口香糖，其甜味是由麦芽糖醇提供的，它同样不会产生能量，而且这种天然的甜味剂更接近蔗糖，却不会增加胆固醇和脂肪含量。另外，它也不会被口腔中的微生物利用，能够起到预防龋齿的作用。它也是肥胖者和糖尿病患者想要享受甜味的最好选择。

大家都知道，糖尿病患者不能随便吃糖，因为胰岛素分泌相对或绝对不足，吃糖会增加胰岛的负担，使病情加重。所以，糖尿病患者在选择食物时不仅要严格把控食物中所含的总能量，更要注意食物中是否含糖。含有甜味剂的无糖食品虽然是糖尿病患者的最佳选择，但是需要提醒患者的是，并不是无糖食品就不会使血糖升高，制作无糖食品的原料，如面粉，其主要成分就是碳水化合物，食用过多也会引起血糖波动。

提高食品的营养价值

现在的生活节奏比较快，人们即使想要摄取足够的营养，也没有那么多的时间。而且因为地域的不同，饮食习惯的不同，有些营养不容易摄取。如果营养摄入不足的话，人的健康就会出问题。所以，食物中就需要添加营养强化剂，提高食品的综合营养价值。国家允许在食品中添加的营养强化剂主要是维生素、矿物质和氨基酸。

🌿 有营养强化剂的AD钙奶

大家都喝过牛奶，那么一定会知道曾经风靡一时的 AD 钙奶，其实这种 AD 钙奶就是在牛奶的基础上强化了维生素 A 和维生素D。

维生素 A 不仅对视力很有帮助，而且能维持呼吸道黏膜的正常功能，从而提高免疫力，食用之后会减少患感冒的概率，同时还能促进骨骼的正常发育。大家也都知道维生素 D 和钙的关系，它能促进人体对钙的吸收，这就让牛奶的价值得到更好的体现。

🌿 配方奶粉需要营养强化

刚出生的婴幼儿，其肠道是没有细菌的，但人体所需要的营养维生素 K（一种凝血因子）主要靠肠道菌群合成，如不及时补充维生素 K，就很可能出现内出血。所以，对于婴儿来讲，若是缺少维生素 K，那么他们的健康就得不到保证。因此，给婴儿食用的配方奶粉需要添加维生素 K。

对于经常使用抗生素的人群，也应该吃些强化维生素 K、维生素 B$_6$、叶酸的食物。如氯霉素、四环素等广谱抗生素，它们能杀死我们体内的大部分细菌。但维生素 K、维生素 B_6、叶酸等维生素都是靠肠道细菌合成的，那么这类人群就要注意吃一些强化维生素的食物，保持身体健康。

强化铁元素的酱油

大家也许不知道，铁是世界卫生组织确定的四大营养素缺乏物之一。我国也有统计显示，缺铁性贫血是我国高患病率的营养缺乏病之一，居民贫血的平均患病率为 20.1%。因此，自 2003 年起，我国就开始应用铁强化酱油预防和控制我国居民铁缺乏和缺铁性贫血。强化铁酱油和普通的酱油绝非只是概念上的不同，它能补充人体中所需要的铁元素，降低贫血的患病率。

强化赖氨酸的小麦粉

蛋白质是由氨基酸组成的，氨基酸的种类、数量和比例决定了蛋白质的营养价值。蛋白质进入人体后会分解成氨基酸，然后重新合成人体需要的蛋白质，如果缺少了其中一种氨基酸，就不能进行合成。很多食物中的氨基酸种类往往不全，比如谷物中往往缺乏赖氨酸，豆类缺乏蛋氨酸。如果我们能在谷类食物中强化赖氨酸，对豆类食物强化蛋氨酸，就能提高它们的营养价值。研究表明，如果在小麦粉中添加 0.2% 的赖氨酸，其蛋白质的营养价值将从原来的47% 提高到 71.1%。

由于地域环境、加工方式、饮食习惯等的影响，膳食中往往会缺乏一种或几种营养素，这时就需要营养强化来解决。

食品添加剂虽然能替代很多食品中的营养，但它们只能替代其中的一部分，所以，大家不要觉得添加剂能带来一些好处就忘记了食物本身的重要性。

03 营养师帮你辨识食品添加剂的坏

食品添加剂虽然在食品加工中有很多用处，但这并不是说它就是完美的，它也有一些弊端。食品添加剂最大的弊端就是使用不当，存在超范围、超量使用的情况。

食品添加剂不可过量食用

我们都知道，每一种食品添加剂都规定了最大使用量，一旦过量食用，无疑会存在安全隐患，给身体带来伤害。在很多人的意识里，市场上所销售的任何能吃的东西，应该都是绝对安全的，并且吃多少都不会对身体产生危害。正是在这种观念的驱使下，大家无节制地进食食物，最后出现身体不适。

因过量食用食品导致健康受损的例子有很多。比如有人把牛奶当水喝，结果导致肾中毒；一些坐月子的产妇，每天吃大量的鸡蛋，最后吃到全身浮肿，检查发现是蛋白质中毒，等等。

其实，食品中毒是一个量效的关系，不管多安全的食物，吃过量了都会导致身体出现异样，食品添加剂也是这样。所以，我国在制定食品添加剂的最大使用量时，充分考虑到人们的饮食习惯。比如中国人喝碳酸饮料要比喝植物蛋白饮料的概率大，而且喝的量也多，所以国家规定，苯甲酸钠在碳酸饮料中的最大用量为 0.2 克 / 千克，而在食物蛋白饮料中的最大用量则为 1.0 克 / 千克。

所以，无论从哪方面来说，经过严格实验被批准的食品添加剂，在规定剂量下去使用，都是非常安全的，但是超出了这个"量"，可能就不安全了。不过大家也不用害怕，如果你一天的食用量超出了最大剂量也不要恐慌，只要不是每天都这样摄入，还是相对安全的。

工业级不能代替食品级

在众多的食品安全事件中，很多是由于生产商采用工业级产品替代食品级产品进行生产所致。工业级和食品级究竟是什么呢？两者又有什么区别？

2012 年央视曝光的"工业明胶事件"，最后证明一些药企确实从一些废旧的皮革中提取工业明胶用于制造胶囊。其实工业明胶和食品明胶的主要成分都是明胶，但是工业明胶中含有较多的重金属离子铬，对人体健康有很大的危害。

大家所熟知的盐其实也分工业级和食品级。工业盐对杂质的要求有水分、水不溶物、钙镁离子、硫酸根离子等，而食盐对杂质的要求除了这几项之外，还有氟、钡、砷、铅等。就是这几个指标决定了食盐和工业盐有很大的区别，因为它们能影响人体健康。

从这两个例子中我们大体就可以看出，工业级和食品级的产品虽然看似是同一种东西，但它们却有很大的区别。

1. 执行标准不同。工业级产品和食品级产品往往执行的国家标准并不一样。

2. 卫生指标不同。工业级产品的卫生质量通常低于食品级，一般含有较多的杂质，也含有更多的有毒有害物质，如重金属等，会危害人们的健康。

3. 生产工艺不同。工业级产品和食品级产品在生产过程中也略有不同，食品级产品在生产过程中的要求会更加严格，但工业级产品可能会减少某些程序。

禁用非法添加剂

近年来，食品安全事件频繁发生，让大家误以为食品安全事件就是和食品添加剂有关，比如说三聚氰胺、苏丹红、吊白块等，其实这些物质并不是食品添加剂，它们都是非法的添加物。

三聚氰胺引发的"毒奶粉"事件

人们认识三聚氰胺还是从 2008 年的"毒奶粉"事件开始的。三聚氰胺是一种有毒的化工原料，国家禁止在食品中添加和使用。但是由于测试奶粉、牛奶等含蛋白质食品中蛋白质含量的方法存在缺陷，三聚氰胺常被不法商人添加到食品中，用以提升食品检测中的蛋白质含量指标。三聚氰胺会危害生殖泌尿系统，可导致膀胱结石、肾结石等尿路结石，并可进一步诱发膀胱癌。

好看的苏丹红有毒

说苏丹红好看是因为它本身就是一种化学染色剂，主要用于石油、机油和一些工业溶剂中，主要作用是增色。可很多人并不知道的是，苏丹红的化学成分中含有萘，该物质具有偶氮结构，这也决定了它具有致癌性，对人体的肝、肾等器官有明显的毒性。鉴于苏丹红的毒性，国家禁止在食品加工中使用苏丹红，但是不法商贩为了牟取利益，将其用于食品的染色和增色，而苏丹红也在 2006 年的"红心鸭蛋"事件中"名声大噪"。

吊白块的漂白与危害

吊白块的工业化学名称为次硫酸氢钠甲醛或甲醛次硫酸氢钠，俗称"吊白块"，又称"雕白块"，是一种工业用漂白剂。

吊白块对食品有非常明显的漂白、防腐效果，而且价格低廉，不法商家为了牟取利润，将其用在米粉、腐竹、牛百叶、面食等各种食品中，使食品的外观看起来更加靓丽，还能延长食品的保质期，增加食品的韧性，而且吃起来也会比较爽口。但掺有吊白块的食物却会给人带来很大的健康问题。

吊白块在加工过程中会分解产生甲醛，能使蛋白质凝固，失去活性，而且吊白块能损坏人体的皮肤黏膜、肾脏、肝脏及中枢神经系统，还会导致癌症和畸形病变，甚至危及生命。国家已经明令禁止在食物中添加吊白块。

福尔马林要小心使用

福尔马林就是工业用的甲醛，是一种工业漂白剂。它是一种具有强烈的刺激性气味的透明液体，具有防腐作用，用来浸泡病理切片及人体和动物标本。正是因为它有很好的防腐作用，所以很多不法商贩就会将它用于水产品、干货、面条、腐竹等食品的杀菌、防腐、漂白等，让食品的外观和质地看起来更好。

但这种工业用品用在食品加工中有很大的危害。许多科学实验早已证明，长期接触福尔马林可能会致癌。少量甲醛虽然能从人体中代谢出去，但甲醛在人体中滞留的过程中可能造成细胞变性。

食用吊白块易造成甲醛及亚硫酸盐中毒

A. 甲醛的安全摄取量在0.2毫克/千克以内，也就是体重为50千克的人，摄取量不能超过10毫克。过量甲醛经人体摄食后易引起过敏、皮肤湿疹、严重腹痛、呕吐、昏迷、肾脏受损，严重者可导致死亡。

B. 亚硫酸盐受热会挥发，安全摄取量在0.7毫克/千克以内，过量摄入易造成呼吸困难、腹泻、呕吐等症状，尤其是哮喘病患者更容易造成呼吸困难或引发哮喘。

真相在这里

我国的食品添加剂品种比国外多吗?

　　我国的食品添加剂品种是相对比较少的,大概有2000种左右,美国是4000种左右,日本也比我们多。我国的食品添加剂标准和国际食品法典委员会制定的国际标准是比较接近的。我国的食品添加剂里有一多半是香料,而很多国家不把香料当食品添加剂管理。实际上比较各国食品添加剂的品种多少是没多大意义的,这只是各国根据自身条件做出的管理上的取舍而已,安全性上并无分歧。

方便的膨化食品营养低

说到膨化食品大家一定不会陌生，现在市场上有很多这类食品，如薯条、虾条、雪饼等，而且这些膨化食品的口味比较丰富，很受人们的欢迎，尤其是小孩子。

深受喜爱的膨化食品

膨化食品是 20 世纪 60 年代末出现的一种新型食品，它以含水分较少的谷类、薯类、豆类等作为主要原料，经过加压、加热处理后使原料本身的体积膨胀，同时也使食物的内部结构发生变化，再经过加工、成形而制成。由于这类食品多孔蓬松，口感香脆、酥甜，具有一定的营养价值，很受孩子们的喜爱。

常见的膨化食品有油炸食品，如薯片等；焙烤膨化食品，如雪饼、仙贝等；挤压膨化食品，如麦圈、虾条等；压力膨化食品，如爆米花等。膨化食品有各种形状，如圆形、环形、不规则形状等；风味更是多样，如甜味、咸味、辣味、咖喱味等。膨化食品口感酥脆、食用方便，很受人们喜欢。而且膨化食品的生产工艺比较简单，所以发展也比较迅速。

少年儿童正处于身体发育阶段，更要注意合理膳食、均衡营养。如果在饭前大量进食膨化食品，容易产生饱腹感，影响正常进餐。

🌿 膨化食品优势多

1 改善了食物的口感和味道。粗粮经膨化后，其组织结构受到破坏，再也吃不出粗粮的味道，取而代之的是更柔软的口感。

2 膨化食品食用更方便。粗粮经膨化后，成为熟食，可以直接用开水冲食，或制成压缩食品，或稍经加工即可制成多种方便食用的食品。

3 营养成分的保存率和消化率高。因为膨化食品大多是用高温或者高压的物理方法制成的，所以其中的营养物质并不会遭到严重破坏，但食物本身的组织结构被破坏，其中的营养就更好吸收。

4 易于储存。粮食经膨化，等于进行了一次高温灭菌，而且其中的水分也进一步消耗，这就限制了微生物的生存环境，加强了食品在储存中的稳定性，适于较长期储存。

5 价格便宜。膨化食品制作比较简单，只要将食材整理好后放入机器中，放入相应的配料，就能制作出成品来。膨化食品的制作成本很低，最终的价格也是大多数人都能承受的。

🌿 膨化食品存在健康隐患

很多人都认为市面上膨化食品大多都是垃圾食品，却不知道为什么，这其实要从膨化食品中添加的添加剂说起。

其实直接用粗粮制作的膨化食品是低脂食物，也是健康食物。但为了满足消费者的口味，经营者会在食品加工中添加一些添加剂，如色素、反式脂肪酸等，同时采用油炸、焙烤等加工方式，这就会使膨化食品的热量大增，这也是为什么那些爱吃膨化食品的人发现自己容易长胖的原因。

一些甜味的膨化食品中还会添加糖精钠。糖精钠除了能产生甜味以外，对人体没有任何营养价值。而不可忽视的是，如糖精钠摄入过多，就会影响肠胃的消化酶活性，降低小肠的吸收能力，使食欲减退。

另外，添加色素会影响儿童的智力发育。膨化食品是孩子比较喜欢的一种食品，但若是其中添加了大量的人工合成色素，这些色素可能会影响孩子的智力发育。儿童正处在生长发育时期，体内的器官功能比较脆弱，神经系统发育尚不健全，对化学物质比较敏感。而人工合成色素中的化学成分会影响生长发育，刺激大脑神经而出现躁动、情绪不稳等。而且，儿童因为生长发育需要大量的蛋白质，而膨化食品中却缺少这种营养素。

膨化食品存在铝超标的危险

▶ 一方面，膨化食品在生产过程中可能会用到铝制的容器，其中的铝元素可能进入到食品中；

▶ 另一方面，制作膨化食品使用的膨松剂大多含有碳酸氢钠和明矾，而明矾中含有铝元素，这就增加了膨化食品铝超标的风险。

儿童是膨化食品的主要消费群体，如果这些食品中的铝超标，那么受到危害最大的必然是儿童。铝对孩子的骨骼生长和智力发育等会造成不良影响，所以大家应该注意让孩子少吃膨化食品。

膨化食品大多会影响胃口，所以大家应该让孩子少吃一点膨化食品，这样才能保证孩子的健康成长。

添加剂使用不当会导致癌症

人们的生活好了，对食物的要求也高了，各种食品添加剂也随之粉墨登场。其实并不是所有的食品添加剂都能改善人们的生活品质，有些食品添加剂还可能损害人们的健康。

会致癌的食品添加剂

有些食品添加剂能在人体中产生致癌物质，给人们的健康带来巨大的损害，所以大家应该了解有哪些食物添加剂会有致癌作用，以便今后购买食物时有所取舍。

❶ **焦糖色素**：这种添加剂在可乐、咖啡等饮料以及调味酱、蛋糕中会有添加。如果它只是由糖加热获得的，那么它的危害并不大。但如果在制造的过程中添加了氨，它就会产生致癌物质。

❷ **糖精**：糖精属于一种人工甜味剂，多存在于饮料、果冻等食品中。研究发现，糖精能使试验动物患上膀胱癌。也有研究报告指出，用糖精代替糖更容易导致肥胖。所以国家规定，婴儿食品中不允许添加糖精。

❸ **溴酸钾**：溴酸钾能帮助面包膨胀，同时也可以用于面粉制作。但研究发现，它会使小白鼠患上前列腺癌和肾癌。所以现在国家已全面禁止溴酸钾在面粉中使用。

❹ **BHA 和 BHT**：丁基羟基茴香醚（BHA）和二丁基羟基甲苯（BHT）是抗氧化剂。但 BHA 有潜在的致癌性，BHT 的危险则小一些。这两种物质能帮助延长食品的保质期，但并不是制作食品过程中必不可少的物质，它们完全可以用维生素 E 代替。

❺ **氢化植物油**：反式脂肪酸的使用非常广泛，如面包、蛋糕、饼干、薯条、奶昔等食品中都有它的身影。美国每年因食用反式脂肪酸导致的心脏病发作病例多达 7000 起，而氢化植物油就是反式脂肪酸的一种。

❻ **亚硫酸盐**：亚硫酸盐是一种防腐剂，它能够让食物保持光鲜，多用于酒类中。但有些人，特别是哮喘患者接触会诱发呼吸困难等症状，

所以过敏体质者要慎用。

❼ **角叉菜胶**：角叉菜胶是从海藻中提取的乳化剂和增稠剂，用在果冻、软糖、冰激凌和乳品的加工中。动物实验表明，它和癌症、结肠炎症及溃疡有关，至于是否危害人体健康尚不确定。

🌿 添加剂使用要适量

不管食品添加剂能给我们的生活带来什么样的好处，它只是一种辅助用品，更何况任何事物都要讲究度，不能太过。使用食品添加剂是为了保住食物的色、香、味，但若使用不当，就可能会出问题。比如玫瑰红－B、碱性槐黄等着色剂，在动物实验中发现能诱发癌症，因此，禁止用于食品加工中。美国市场上曾有一种叫作"甜精"的甜味剂，后来发现其对动物有致癌作用而被禁用。

目前，我们平常食用的人工合成色素有靛蓝、胭脂红、苋菜红和柠檬黄等，但并不是说这些人工色素可以使用就不会危害人体健康，其实它们同样会对人体健康产生不同程度的损害。在可使用的色素中，天然色素一般认为是无毒的，但人工合成的色素中不仅本身可能会带有毒性，在加工的过程中更有可能会夹杂一些重金属毒素，所以人工色素的用量一定要控制好，否则可能会给消费者带来健康问题。

人们制作腊肉、火腿等食品时通常会用到硝酸盐，但并不是说用得越多，这些食品就能加工得越好。相反，使用硝酸盐时要严格控制用量。硝酸盐虽然有很好的防腐作用，但硝酸盐会产生亚硝胺，而亚硝胺有较强的致癌作用。

购买食品时大家一定要注意看食品的成分，尤其是食品添加剂，这能让大家选择更健康的食品。大家应该养成看食品成分的好习惯，这样才能更好地保护自己的健康。

营养师教你辨别食品添加剂的好与坏

使用营养强化剂的问题

人类为了健康，就需要吸收营养，但有些食物中的营养不容易被人体有效吸收。如果没有营养强化剂，食物虽然一样能吃，但很多营养会因此而浪费。不过营养强化剂虽好，但若是使用不当，也可能会带来新的问题。

营养强化剂的认识误区

有些人会认为，既然是营养强化剂，是不是就是说使用得越多，食物的营养就能增强得越多呢？是不是意味着营养强化剂使用得越多越好？其实食品营养强化剂并不是这样理解的。《食品安全法》对使用食品添加剂设置了两个非常重要的前提：一是技术上确实有必要；二是安全可靠。

在食品加工过程中，使用营养强化剂所要坚持的一个原则就是不破坏食物本身的营养。如果滥用营养强化剂，不仅达不到增强食物营养的作用，反而会破坏食物的营养平衡，导致食用者营养失衡，损害健康。

食品营养强化剂是当食品中营养的含量低于需求量时才考虑添加，以便更好地满足人们对营养的需要。如果食物中的营养含量并不低时，是不需要考虑添加的。所以说，并不是所有的食物都要使用营养强化剂。

营养强化食品并不适合每个人

有的人认为，添加营养强化剂的食物一定含有更多的营养，要是每个人都能吃到这样的食物，岂不是就不会出现营养不良的情况？其实营养强化食品的选择要区分不同的情况，因为不同的人对营养的需求并不一样。

比如说有的人能够从平常的膳食中获得足够的营养，那就不需要吃营养强化食物；有的人运动量比较大，需要补充能量，那就可以选择补充能量的营养强化食品；有的人想要减肥，食物吃得不多，身体所需要的营养不够，这时也可以选择适合的营养强化食物。

　　生活中不是每个人都需要营养强化食品，如果不缺少某种营养，就没有必要再补，否则会适得其反。比如碘盐就是一种营养强化食品，20 世纪的时候我国内陆居民普遍存在碘摄入量不足的问题，国家就推行在盐中加碘来保证碘在人体中的平衡。但是现在人们的饮食结构发生变化，海鲜类食品摄入量比较多了，有些人即使不吃碘盐，也不会有缺碘症状。

　　现在市场上出现的营养强化食品很多，大家可以根据自己的需要来选择适合自己的食品。比如说贫血可以选择加入铁元素的强化食品，缺维生素可以选择富含维生素的强化食品等。

缺碘地区　　　　　　　　高碘地区

　　人体在某些特殊的情况下也会增加对营养素的需求，而日常膳食中的营养未必能满足需求，这时就可能需要用营养强化食品来补充自身需要的营养。有些人的食物清单比较单一，比如素食主义者，饮食中缺少肉、蛋等食物，就会缺少相应的营养，而不喜欢吃素的人也会有同样的问题，这时大家可以通过营养强化食品来补充缺失的营养。

特殊人群应远离食品添加剂

现在添加剂几乎涉及所有的食品行业，而人们的生活又离不开食品，所以我们经常跟食品添加剂打交道。可是添加剂毕竟是食物之外的东西，所以对于一些特殊的群体来说，最好还是少接触添加剂为好。

比如儿童、孕妇、某些疾病患者，他们的身体比较"娇贵"，如果摄入一些对健康不利的成分，可能会出大事，比如会影响儿童的正常发育，影响孕妇腹中胎儿的发育，而这些影响可能是关乎人一辈子的事情，所以大家不能大意。

🌿 儿童应远离添加剂

走进超市，我们会发现各种各样的食物，而且很多食物的颜色还很诱人，也难怪小孩子到了这样的地方总会要求大人给自己买各种零食。但当你决定给孩子买食物时，你一定要注意看看食物的标签，看看食物中添加剂的成分，最好选择使用天然添加剂加工的食物，人工合成的添加剂可能会影响孩子的健康。

有些食品在加工过程中加入很多的盐，但咸味可能被其他味道掩盖住了，所以吃起来并不会感觉很咸。如果儿童吃了这样的食品，无法排泄多余的盐分，导致钠在体内滞留，会促使血量增加，使血压升高。

🌿 添加剂对孕妇有安全风险

孕育生命是人生最幸福的一件事情，但这段时期也是母体和胎儿最脆弱的时期，所以这段时间保证孕妇的健康至关重要。

实验表明，在孕妇怀孕 8~24 周时，邻苯二甲酸盐能降低胎儿的雄性激素，进而影响胎儿大脑的发育。邻苯二甲酸盐存在于食品的塑料包装袋中。

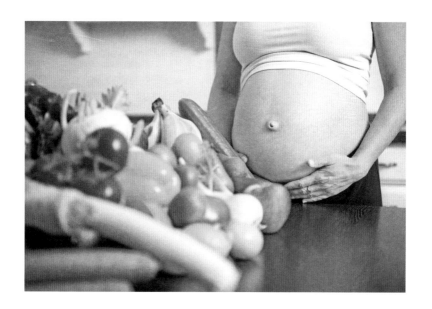

　　午餐肉、香肠、腊肉、熏肉等食品中都含有亚硝酸盐，而亚硝酸盐能和母体中的仲胺、叔胺等次级胺形成强致癌物亚硝胺。亚硝胺能通过胎盘传输给胎儿，导致胎儿畸形。如果母体中有一定含量的亚硝胺，胎儿出生后产生肿瘤的概率大为增加。

　　孕妇在怀孕期间也不能吃味精。因为味精的主要成分是谷氨酸钠，它能和血液中的锌结合，然后从尿液中排出。如果摄入的味精过多，就会消耗孕妇体内大量的锌，而锌是胎儿生长发育必需的营养物质。

　　一般食品添加剂的每日允许摄入量都是按照成人的量计算的，比如说一个体重为60千克的成年人每天允许摄入糖精钠的值为5毫克/千克，但这个标准显然不适合儿童。家长应该在大人的基础上计算，限制儿童的摄入量。

04 食品添加剂的认识误区

人们不看好添加剂，没有利用好添加剂，这都是因为人们对添加剂存在认识误区。比如有人认为天然的添加剂就是最好的，但有些天然添加剂中也会含有毒性；有人认为不含防腐剂的食物才是健康的食物……下面为大家介绍 7 个生活中常见的食品添加剂应用误区。

天然食品就一定是最好的吗？

自从人们发现不合理使用食品添加剂对健康的危害之后，就很偏执地认为只有天然的食物才是无害的，因为这些食物已经经过人类几千年来的检验，而食品添加剂的应用总是会出问题。但其实即使是天然的食品，还是可能给健康带来问题的。

天然食品安全与否？

一直以来人们都有这样一个认识，觉得添加了额外的东西就会对身体带来伤害，而纯天然的就是无害的。其实这种说法并没有科学依据。一个很简单的例子，茜草色素是一种天然色素，其实它是一种明确的致癌物质，所以国家早已禁止使用。

近年来，由于食品安全事件频发，人们更多地倾向于无添加剂的食物。其实这样的食品可能会有更大的问题，比如说苹果汁，其中的营养物质发生聚合反应时，不仅它的营养价值会降低，还会生成多种化学成分，苹果汁被氧化所产生的多酚和蒽醌类物质就可能会损害健康。而任何食品放置的时间越久，其营养自然也会越低。

所以说，大家不能完全相信那些所谓的纯天然食品，有时那些食品还不如加了食品添加剂的食品让人放心。

纯天然的食品真的存在吗？

如今食品添加剂在食品加工业中被广泛使用，那有人会问，难道就没有真正纯天然的食品了吗？其实还是有的。如果在食品加工中你能确定其中没有添加任何添加剂，而且原料中也没有食品添加剂，那么这种食物就是不含添加剂的。还有自己动手，没有使用任何药物、添加剂种出来的蔬菜，在加工过程中也没有使用其他添加物的食品。但所谓的纯天然食品非常之少。

由于对添加剂的畏惧，很多人去超市买东西的时候会特意留心一下标签，特意去选择那些不含防腐剂和不添加香精的食品，其实这些食品可能对人体的伤害更大。

大家要明白，食物搁置一段时间后就会出现腐败变质，如果不添加防腐剂，就必须用其他方法来保证食品在一段时间内的质量，比如用高糖、高盐。高糖、高盐食物本身就有防腐的作用，但是大家也要明白，吃高糖的食物容易发胖，吃高盐的食物对心血管的伤害比较大，所以吃这样的食物不见得有多健康。

即使是天然食品，大家也应该有一个正确的态度，不要认为天然食品就绝对是安全的。比如说存放时间太久的天然食物会有被污染的问题，如果忽视了这样的问题，那么自己的健康就会没有保证。所以，不管是天然的还是添加了添加剂的食品，大家最好吃新鲜的。

食品添加剂添加过量一定对身体有害？

食品添加剂添加过量不等于食品添加剂摄入过量，也没有证据证明食品添加剂摄入过量会导致疾病。《食品添加剂使用标准》对食品添加剂的允许使用品种、使用范围以及最大使用量或残留量都有明确规定。

食品添加剂的使用量是经过系统的毒理学评价和严格的风险评估来确定的。常常以无作用剂量为基础，再除以100（也就是再增加100倍的安全系数）所得到的用量作为可接受的每日允许摄入量。之后还要经过风险评估最后确定使用量。因此，规定的食品添加剂使用量远小于对身体有害的剂量。在标准规定的条件下使用食品添加剂不会对身体产生有害作用。

但是一些食品添加剂的经营者、使用者缺乏食品添加剂的卫生及安全意识，有些小型厂家设备陈旧简单，缺乏最基本计量、搅拌设施，造成食品中添加剂含量严重超标。因此，消费者购买食品时应尽可能选择信誉好的品牌和商家。信誉好的厂家生产的食品，对食品添加剂的使用标准一般会严格执行，这些食品都会在配方表中标明使用食品添加剂的种类和用量，减少发生食品添加剂超标的概率。

一般只有长期超量食用，摄入量较大且摄入次数较多时，才有可能对身体出现有害作用。如果消费者仍有顾虑，建议不要长期单一的食用某种食品。

不要自认为进口食品就很安全

有人会有这样的认识，认为外国的东西就是好的，外国的食品做工精细，就不会有问题。事实上，我们只是很少了解外国使用添加剂的情况，他们也和我们有同样的困扰。比如说苏丹红和孔雀石绿的问题，最早就是在英国发生的。

进口食品不一定安全

不知道从什么时候开始人们有这样的认识，觉得外国的东西就是好，国内的东西什么都比不上外国的。从发展上看，这确实有一定的道理，毕竟外国工业发展的时间要比我们长得多，我们的工艺可能比不上他们，但这并不代表他们的东西就是完美无缺的，人们用了就不会出问题。

其实外国产品中出问题的情况也有不少，比如有这样的报道：山东市民在其购买的荷兰进口奶粉中发现了一条活的虫子；香港食品安全报告指出，一款进口奶粉中的蜡样芽孢杆菌超标 100 多倍，饮用后可导致呕吐、腹泻。可见，进口食品不一定就是安全食品。

进口食品也添加了众多添加剂

大家都知道，只要经过加工的食品，其中就一定会有添加剂的存在。而毫无疑问的是，进口食品也需要经过加工，可想而知，进口食品中也少不了添加剂的存在。

国外的食品相对来说更加安全并不是因为他们用的添加剂少，而是因为经过长时间的发展，他们已经遭受过非法添加物带来的危害，再加上管理力度比较大，所以食品出问题的情况相对较少。而食物要想保证安全，有时候使用添加剂也是十分必要的。同样是食品加工，若是进口食品使用的添加剂少，并不能说明它的品质比国内的食品好。

"无糖""低盐"的正确解读

很多人都有这样一个认识，不甜的食物就不会引起肥胖，不是高盐的食物就不会引起高血压等疾病，所以选择食物时就会挑选那些低糖、低盐的食物。其实这样做并不能解决根本问题，反而可能引起其他问题。

🍂 对"含糖食品"的错误认识

糖这种曾经受到大家喜欢的食品，自从人们认识到它和健康的关系后，就处在了一个很尴尬的位置上，人们喜欢却又恐惧，所以很多食品加工商选择了用甜味剂来代替它的位置。

糖给我们的生活带来了甜蜜的味道，让我们觉得很幸福，但近年来人们发现糖吃多了容易引起肥胖。因为糖在体内会转化成脂肪，而且长期大量吃糖还可能会引起一些其他的健康问题，所以人们开始"躲避"糖了。

引起肥胖

尤其是随着糖尿病患者的增多，更增加了人们对糖的恐惧。事实上，现代人患上肥胖症更多是因为人们的生活习惯发生了变化，比如饮食中的热量更高了、暴饮暴食、生活压力加大、运动量减少等，这些都会导致体内脂肪堆积，肥胖也就随之而来了。所以说肥胖并不是单纯吃糖造成的。

低盐食品并不一定就健康

大家都知道患上高血压病之后就要限制食盐的摄入量，以防病情加重。这个说法也引起了人们对食盐的恐慌，觉得平时要少吃盐才有利于健康，所以很多商家就在自己的产品上打出低盐的招牌，尤其是咸菜、榨菜等腌制食品。其实这些所谓的低盐食品可能会造成更大的问题。

在家腌过咸菜的人都知道，腌菜的时候需要在菜坛子中撒一些盐，当然盐不能太多，否则就会太咸；可是盐也不能太少，否则菜就会腐败。腌菜时撒盐不仅是为了改变新鲜蔬菜的风味，更重要的是盐有防腐作用，它可以保证在乳酸菌发酵的这段时间里蔬菜不发生腐败。若是盐分不够，那么腐败就不可避免。

如果真的像商家宣传的低盐，那将面临两个问题：一是这种食品是很容易出问题的，因为它很可能发生了腐败；另一个就是，这种食品中含有防腐剂，否则它就不可能保存太长时间。也就是说，虽然低盐食品没有了盐的烦恼，但它可能会有其他的问题。

要想吃得健康，最好能科学饮食，吃适量的盐和糖，而且也要根据自己的情况来决定，尤其像糖尿病患者，更要遵照医嘱，不能自己想当然地为自己安排饮食。

真相在这里

"无糖食品"的真相

虽然很多人喜欢无糖食品，但很多人并不知道无糖食品的真正意义。"无糖食品"是指固体或液体食品中每100克或100毫升的含糖量不高于0.5%。

大家对于无糖的定义往往仅限于其中没有蔗糖，因为大家理解的糖就单纯地是指蔗糖。但事实并非如此。糖可以指白糖、红糖等糖类，也可以指各种有甜味的、能够在人体内转变成为葡萄糖的食品成分，比如麦芽糖、葡萄糖、果糖、果葡糖浆等。甚至从广义来说，哪怕没有甜味，只要能够被人体消化吸收转化为葡萄糖，也可以称为糖类物质。

现市面上那些含有淀粉水解物作为甜味来源的食品通常也会被商家叫作无糖食品，但其中的淀粉糖浆、果葡糖浆、麦芽糖之类的糖升高血糖、变成能量的效率，未必会比蔗糖低。

有"不含任何食品添加剂"的食品吗？

一些食品标签中标明"本品不含任何食品添加剂"，虽然这种说法有其可能性，但完全没有必要。

人类的存在已有 300 万年的悠久历史。远古时代，人们靠采集和狩猎野生动植物为食，在长期的生活实践中逐渐发展种植和养殖，才开始拥有数量和种类相对丰富的食物。在对食物进行加工的过程中，人类从会使用油、盐、酱、醋等调料对食物进行烹饪的那一刻开始，就有了最初的使用食品添加剂的经验。食品添加剂的使用，是人类社会文明发展的必然结果。

现代食品工业的发展，使食品的规模化生产、长距离运输、长时间贮存成为可能，而这些都离不开食品添加剂。特别是食品调味和延长食品保质期的需求，使食品添加剂已经渗透到食品加工和生产的方方面面，几乎所有的加工食品都含有食品添加剂。即使是最普通

的家庭烹饪和餐饮烹调，也都离不开食品添加剂。人类能够像今天这样享受到如此众多的美味，食品添加剂的贡献功不可没。

在食品标签中标明"本品不含任何食品添加剂"实际是在暗示消费者，食品添加剂是不安全的，这是不科学、不负责任的说法。

色拉油与添加剂的真相

色拉油是在植物原油中加入柠檬酸和絮凝剂，通过离心分离除去油中的胶质物，再加上活性白土去除油里的色泽，经过高温蒸馏去除油里的游离脂肪酸、过氧化物、杂质和水分，最后经过抛光过滤而成。

🌿 色拉油的营养成分

色拉油中含有很多对人体健康有益的物质，比如其中富含维生素E，能够改善血液循环，对烧伤、冻伤、毛细血管出血等有辅助治疗作用；还可以参与体内蛋白质、抗体、精子的生产，有助于保护体内维生素A、维生素C以及红细胞，还可以预防心血管疾病、降低胆固醇、防止血管硬化，具有养颜、抗衰老的功效。富含铜，铜是人体健康不可缺少的微量元素，对血液、中枢神经和免疫系统及脑、肝、心等内脏的发育和功能有重要影响。富含脂肪，有维持体温和保护内脏的作用。

有头晕、乏力、易疲倦，皮肤黏膜及指甲等颜色苍白，体力活动后感觉气促、心悸症状，高血脂、高胆固醇等疾病的人群适合食用色拉油。

除此之外，色拉油还有一定的食疗效果，比如有健脑作用。因为色拉油中含磷，磷是合成卵磷脂和脑磷脂的重要成分，能够增强记忆力，延缓脑功能衰退；还能抑制血小板凝集，防止脑血栓形成。色拉油中还含有钙，钙是脑代谢不可缺少的重要物质。其中的不饱和脂肪酸能起到保护脑血管，促进细胞生长，延缓脑细胞衰退进程的作用。

色拉油有养心的作用，能保护心脏，保护心肌细胞，预防或缓解心悸、心律失常等不适。

色拉油并非完全无害

吃色拉油虽然有很多好处，但这并不能说它没有害处。色拉油中含有较丰富的聚合甘油酯和反式脂肪酸，过量食用会提高血管疾病的发病率。而且，色拉油遇到高温时会产生醛类、酮类等化学混合物，不利于健康。

虽然有这些危害，但只要在购买或者烹饪时多加注意，这些问题就能避免。比如说用色拉油炒菜时将温度调低就能防止有毒物质产生；控制好每天食用色拉油的量，每人每天食用 25 毫升就可以了；购买色拉油时一定要去正规的场所，比如大型商场，以免选到假冒伪劣的产品，否则健康就没有保证了。

其实不光是色拉油不能多吃，任何油类都不能多吃，比如人们曾经经常吃的猪油，虽然吃起来很香，但是因为所含脂肪太多而逐渐被人们舍弃。取代猪油的植物油，虽然相对更健康，但吃多了同样会存在一些健康问题。

吃含增稠剂多的食品，会增加血液黏稠度？

大家都听说过"吃什么，补什么"，也见过胡萝卜素吃多了得胡萝卜素血症，知道某些营养在体内多了会有营养过剩的情况，这些都是比较正常的情况。但如果大家听信了谣传所说吃增稠剂的食品就能增加血液黏稠度的话，那就贻笑大方了。

🌿 增稠剂是什么？

增稠剂，简单来说就是让食品变黏稠的食品添加剂。比如我们在做菜时会用淀粉进行勾芡，这样菜品中的汤汁会更加浓厚、黏稠，这就是增稠剂的一种形式。在食品中添加增稠剂，可以使液体、浆状食品形成特定的形态，并使其稳定、均匀，不仅会有黏滑适口的感觉，而且也更利于食品定型。

根据增稠剂的制作来源，可以分为五类：

❶ 用海藻制取的增稠剂。海洋中的海藻达 15 000 多种，而用于增稠剂的海藻胶是从褐藻中提取的。

❷ 由植物种子、植物溶出液制取的增稠剂。在许多情况下，这类增稠剂中的水溶性多糖类似于植物受到刺激后的渗出液。

❸ 由微生物代谢生成的增稠剂。这是由真菌或细菌与淀粉类物质作用产生的，如黄原胶等。

❹ 由动物性原料制取的增稠剂。这类增稠剂是从动物的皮、骨、筋、乳等中提取的。其主要成分是蛋白质，品种有明胶、酪蛋白等。

❺ 以纤维素、淀粉等天然物质制成的糖类衍生物。

增稠剂不会增加血液黏稠度

　　说增稠剂能增加血液黏稠度的人可以说不仅不懂食品添加剂，而且简直没什么科学常识，因为这根本就是望文生义的说法。

　　增稠剂是一种多糖，是碳水化合物的一种，它进入人体后会被小肠分解，然后得到单糖，而单糖又会变成能量、水等物质参与人体的新陈代谢。所以说，增稠剂不仅不会增加血液黏稠度，还会成为人体所需营养的一部分。

　　酸奶中有增稠剂，但其中的增稠剂并不会使我们的血液黏稠度升高，也不会影响我们的心血管健康。酸奶是营养价值很高的食物，坚持饮用酸奶，能让我们的身体更健康。

在家自制的食物就不会有添加剂吧？

大家一定会觉得，既然食品添加剂是在食品加工中广泛应用，那么自己在家制作的食物就不会有添加剂了吧？如果大家这样认为，那就是因为大家对食品添加剂还没有了解清楚。即使在家自己做饭也不可避免地会使用到添加剂。

🌿 家中也不能避免使用添加剂

有人会觉得，只要自己按照传统的烹饪方法，就能避免接触添加剂了。比如蒸馒头时可以用预留的"酵头"发面蒸馒头，如果时间合适无需放碱和发酵粉；做菜时可以做简单的沙拉，只放少量盐、糖、醋等调味，就能避免沙拉酱中的添加剂；一些简单的凉拌菜，比如凉拌的黄瓜、西红柿等，它们本身就会有一些可口的味道；也可以自己制作一些天然的调料，比如自己将花椒打成粉，选纯正的酱油、醋等自己做调味汁；去市场上挑选蔬菜，就能避免添加剂的"污染"了。

其实这些只是大家的美好愿望罢了，如果大家了解了我们生活中的哪些食品中含有食品添加剂，就再也不会有这些想法了。平时大家吃的馒头中都含有食品添加剂，因为蒸馒头用的碱面就是一种食品添加剂；炒菜需要用到的食用油中也含有抗氧化剂；煮肉用的味精等也是添加剂。

每天摄入的添加剂有多少

你知道每天一个人会吃掉多少添加剂吗？正常来说，有 10~40 种。可能有人觉得并没有这么多，因为每个人会有不同的生活习惯，生活在不同的地区，所以每个人每天所吃的食物会有所不同，但按正常的饮食计算，吃到这么多种添加剂并不足为奇。

比如早餐常吃的面包中就有不少于 3 种食品添加剂，如果再加上两片香肠，又会增加抗氧化剂、着色剂、增味剂等 6 种添加剂，如果还要配上一杯牛奶或者果汁，其中还会有香精、色素、甜味剂等添加剂。仅早餐就可能吃掉近 20 种添加剂。所以说，人们正常生活中会吃掉那么多添加剂并没有夸张。

花椒、大料、桂皮、孜然不是食品添加剂，它们是我们日常烹调常用的香辛料，人类使用这些香辛料的历史有几千年了。除此之外，香辛料还包括丁香、小茴香、生姜、香叶、白芷、草果、迷迭香、砂仁、肉豆蔻、胡椒、辣椒、姜黄、众香果等品种。世界不同地区烹调使用的特色香辛料是不同的，这就是不同地区饮食风味特色的基础之一。

食品中除了主料，剩下的都是添加剂吗？

很多人都觉得，目前我们所吃的一切食品中，除了主要的原料，剩下的就都是添加剂，包括非法添加物。其实这种看法是非常荒谬的，因为除了主料和添加剂，还有一种很重要的物质被人们忽略了，那就是食物配料。

🌿 食品配料与食品添加剂的关系

食品配料是指用于生产制备某种食品，并在成品中出现的任何物质，但不包括食品添加剂。当然，这种物质是被公认的、安全的、可以食用的物质，不仅对人体没有危害性，相反它在食品加工过程中所用的剂量相对比较大。

但是，需要提醒大家的是，配料与食品的界限具有相对性，因为有时候某种配料本身就属于食品，比如酱油，但是用它来加工食品时就变成了配料；不仅如此，配料与食品添加剂的界限也有相对性，因为随着配料功能的不断提升，它在食品中的添加量可能会逐步减少，因此就有可能会从食品配料发展成为食品添加剂。

目前国际食品配料行业的发展是非常迅速的，因为这种东西和调味品不一样，使用的范围比较广泛，几乎涵盖所有的食品生产应用之中，包括休闲食品、软饮料、儿童食品、方便食品等。所以，我们可以毫不夸张地说，食品配料的发展，能够带动整个食品产业，包括调味品、食品添加剂产业等的共同发展。

🌿 食品配料的多种形式

食品配料的形式是多种多样的，远比我们想象的要丰富得多。就拿我们经常吃的牛肉来说，它原本可以作为主料，烹制成一道美味菜肴，但是如果我们把它水解成多肽或者氨基酸，就摇身一变成为食品配料。还有我们家里常用的淀粉原料，做肉的时候加上一小勺腌制一段时间会使肉变得很滑嫩，但是把它水解成糊精后，就又马上转化为食品和药品配料了。

另外还有一种很重要的物质，就是水解植物蛋白。过去的水解植物蛋白是植物性蛋白质在（盐）酸的催化作用下水解后的产物，它里面的主要构成成分就是氨基酸，所以水解植物蛋白又被人们称作氨基酸液。随着科学技术的发展，国际上别出心裁地把植物蛋白水解液及其产品称为"HVP"，它目前在医疗、化工、食品等领域有着非常广泛的用途，尤其是在调味品行业，彻底改变了以往只用于酱油和酱腌菜生产的局面。

　　食品添加剂的带入原则：某种食品添加剂不是直接加入到食品中，而是通过其他含有该种食品添加剂的食品原（配）料带入到食品中的。根据GB 2760—2011规定，这种带入应符合以下几个原则：①食品配料中允许使用该食品添加剂；②食品配料中食品添加剂的用量不应超过允许的最大使用量；③应在正常生产工艺条件下使用这些配料，并且食品中食品添加剂的含量不应超过由配料带入的水平；④由配料带入食品中的食品添加剂的含量应明显低于直接将其添加到该食品中通常所需要的水平。

chapter

4

扫描日常食品中
随处可见的添加剂

生活中，处处都有食品添加剂的影子，无论是对食品工业本身，还是对我们普通消费者，食品添加剂无疑都是必不可少而且是意义重大的。下面就让我们来看看生活中那些随处可见的添加剂吧。

01 粮食与调味品

粮食和调味品是人们生活中必不可少的组成部分。但是有没有想过，其实我们每天吃下肚子的粮食和调味品也或多或少含有食品添加剂？下面让我们一起来看看吧。

大米中的添加剂

大米是稻谷经清理、砻谷、碾米、成品整理等工序后制成的成品。大米中含有许多对人体有益的营养物质，营养价值高，且大米吃起来口感较好，在日常生活中大多作为主食，深受人们的喜爱。

🌿 大米的合成保鲜剂

大米如果存放时间较长，因氧化、微生物污染等不利于贮藏的条件，造成失去光泽、产生异味以及大米老化等现象。为延长大米的贮藏期，生产中会使用合成保鲜剂。

（1）合成保鲜剂的分类

合成保鲜剂主要有防腐剂和抗氧化剂两大类，前者包括苯甲酸、山梨酸、双乙酸钠、富马酸二甲酯等，后者有丁基羟基茴香醚、二丁基对甲苯酚、没食子酸等。

（2）合成保鲜剂的作用

具有成膜脱氧的功能；具有对米粒表面清洁、去杂、上光美容的作用；具有杀菌防止非酶促褐变、抑制虫卵霉素生长繁殖的功能；具有改善大米品质，延缓陈化速度的功能。

🌿 大米的正确保存方法

用密封容器储存，且储放地点须保持通风干燥，避免直接接触地面以防湿气。

面粉中的添加剂

面粉是百姓日常生活的重要食品，面粉可以加工成面条、饼干、蛋糕等食品，但殊不知面粉中也含有多种添加剂。

🌿 面粉分哪几种？

在市场上买到的是一般通用面粉，包括低筋面粉、中筋面粉和高筋面粉。

1. 低筋面粉：低筋面粉比较粗，出粉率约在 90%，就是俗称的 90 粉，由于出麸皮少，口感较松散。常用于制作蛋糕、饼干等点心。

2. 高筋面粉：高筋面粉很精细，面筋含量高，杂质少，为国内特制一等粉，但质量比国外的特等粉差，目前国内生产特制一等粉的出粉率为 60%~70%。它适宜制作筋度较高的面包、馒头、面条、包子等面制品。

3. 中筋面粉：中筋面粉则介于低筋面粉和高筋面粉之间，相当于二等粉，一般出粉率可达 82%~85%，即 85 粉。基本上能满足馒头、面条等面制品的生产需要。

出粉率高的面粉，相对来说颜色较黑、较粗一些；而出粉率低的面粉磨的时候越靠近小麦的胚部，越白越细。

我们所称的面粉一般是指小麦除掉麸皮后生产出来的白色面粉。有一种全麦面粉，则是整粒小麦在磨粉时，仅仅经过碾碎，而不经过除去麸皮的程序，整粒小麦包含了麸皮与胚芽全部磨成粉。小麦中的麸皮含有营养价值极高的纤维素，经常食用，可使人体保持健康和活力。

🌿 面粉中的增白剂

人们在使用中感觉到粉质细、粉色白的面粉口感好，因而乐于选购色白的面粉。我国由于人口多，对面粉的需求量大，很重视小麦的产量，但相对而言小麦的品种不是很好，所以无论南方还是北方的小麦，加工出来的面粉一般都达不到国家特一等面粉和特二等面粉的要求。为满足消费者的需求，面粉生产商多采用增白的办法。

（1）面粉增白的两种途径

▶ 途径一：增加优质小麦的比例，比如用 70% 的国产小麦和 30% 的进口小麦生产出来的混合面粉来达到国家特一等面粉或特二等面粉的标准。我国每年都要进口许多优质小麦，目的就是为了用优质小麦生产的面粉来调节国产面粉的白度和筋度。

▶ 途径二：使用能够起增白效果的添加剂，达到增白的效果。

（2）面粉增白剂有哪些？

已开发使用的面粉增白剂有过氧化苯甲酰（BPO）、二氧化氯、氯气、二氧化氮、四氧化二氮、亚硝酰氯等。其中使用较多的是过氧化苯甲酰，俗称面粉增白剂。

🌿 面粉中的过氧化苯甲酰

过氧化苯甲酰是小麦粉专用添加剂，其作用除增白外，还有加速小麦粉后熟（又称为熟化、成熟和陈化），抑制小麦粉的霉变，提高小麦的出粉率等作用。没有完成后熟的面粉蒸出的馒头颜色发黑、口感很差，不起个，易塌陷收缩，发黏而且不松软。公众挑剔的不是馒头白度，而是馒头的口感，吃到嘴里的馒头又硬又黏实在令人难以接受。

（1）过氧化苯甲酰的作用

过氧化苯甲酰在小麦粉中使用后，一般可以使小麦粉的白度提高 4%~6%。由于可以提高小麦粉的白度，则可相应减少出麸皮量，在保持同样白度下，可以多出面粉 2%~3%。我国每年的小麦产量在 1.1 亿万吨，提高 2%~3% 的出粉率，相当于我国的小麦产量相应提高了 300 万吨。

（2）过量使用过氧化苯甲酰的危害

在限量范围内使用过氧化苯甲酰，几乎没有副作用。我国法定的过氧化苯甲酰在面粉中的使用量为 60 毫克／千克。但一些加工企业为迎合消费者对白度的偏爱，过量使用过氧化苯甲酰。

过氧化苯甲酰是人工合成的非营养性的化学物质，不仅会破坏面粉中的类胡萝卜素、维生素 B、维生素 K、维生素 E 等营养成分，使面粉失去特有的麦香味，而且过量的过氧化苯甲酚还会使皮肤黏膜发生炎症。

长期食用过氧化苯甲酰含量超出国家标准的面粉及面制品，会加重肝脏的负担，对脑神经产生严重损害，造成慢性苯中毒，出现恶心、呕吐、头昏、乏力、神经衰弱的症状。对肝功能不全的人来说，更容易引发多种疾病，甚至诱发癌症。除此以外，还会影响人体对钙质的吸收。

改变普通面粉的强筋剂——溴酸钾

常吃面食的人知道，有的面吃起来筋道好、有劲，有的面"糟"、嚼起来没口感。筋力强、口感好，是优质面粉的重要特性。

（1）高筋面粉的重要性

面粉的筋力大小主要由面筋蛋白质的数量和质量决定，面筋蛋白质好比是面粉中的"骨架"，缺少"骨架"的面粉就不能使面制品有良好的形状和内部组织。

有经验的面点师都知道，没有高筋面粉就抻不出细如发丝的"龙须面"，没有高筋面粉也烘烤不出好的面包。高筋面粉需要有高筋优质小麦才能磨出来，而且出粉率低。一般的小麦，只能生产普通面粉。面粉厂和食品厂为改变普通面粉的弱筋性，需要添加强筋剂。

（2）溴酸钾的作用机制

溴酸钾作为面粉强筋剂使用已有较长的历史，1914 年美国最先将溴酸钾加入面粉中，用于面包烘焙。溴酸钾为晶体颗粒或粉末状，加热后分解为溴化钾和氧气，易溶于水，是一种强氧化剂。

溴酸钾抑制面粉中的蛋白质分解酶，使小麦面粉中蛋白质分解酶活性适中，以改进面筋的质量，加强面筋的强度、伸展性、弹性和稳定性。它还具有缩短面团发酵时间，使面团体积增大等功效。溴酸钾与抗坏血酸、溴酸钾与偶氮甲酰胺共同使用，可起到协同增效的作用。

（3）溴酸钾的毒副作用

过去人们一直认为，当各种烘焙条件得到正确控制，溴酸钾就会转化成惰性的、无害的溴化物。然而 20 世纪 80 年代日本通过长期溴酸钾小白鼠突变性实验、染色体异常实验结果发现，溴酸钾可致使小白鼠基因突变和染色体异常。

其后的多项研究证实了日本的实验结果，表明溴酸钾是一种毒害基因的致癌物质，可导致动物的肾脏、甲状腺及其他组织发生癌变。过量食用会损害人体的中枢神经、血液及肾脏。国际癌症研究机构将该化合物列为致癌物质。2005 年 7 月 1 日，中华人民共和国卫生部根据溴酸钾危险性评估结果，决定禁止溴酸钾作为面粉处理剂在小麦粉中使用。

取代溴酸钾的添加剂——偶氮甲酰胺

偶氮甲酰胺具有漂白与氧化双重作用，是一种面粉快速处理剂，作为溴酸钾的替代产品，被广泛应用于面包制作中。

（1）偶氮甲酰胺的作用机制

偶氮甲酰胺通过改变蛋白质链相互联结结构，使蛋白质构成立体网状结构，来改善面团的弹性、韧性及均匀性，使生产出的面制品具有较大的体积和较好的组织结构。

（2）偶氮甲酰胺VS 溴酸钾

与溴酸钾相比，偶氮甲酰胺不像溴酸钾那样，必须等酵母发酵时才起作用，而是在面粉潮湿后就立即起作用，所以起效更快，基本在和面阶段就可以使面团达到成熟，这对制粉行业要求缩短仓储期、烘焙行业要求快速发酵极有意义，其效果和溴酸钾与抗坏血酸合用的效果相近。

偶氮甲酰胺为黄色至橘红色结晶性粉末，无臭。溶于热水、不溶于冷水和大多数有机溶剂，在 180℃熔化并分解。我国《食品添加剂使用卫生标准》中规定：可在小麦粉中使用，最大使用量为 0.045克／千克。偶氮甲酰胺主要用于谷类粉的老熟和漂白，用作烘烤面包的面团品质改良剂，在面包制作中多作为溴酸钾的替代物。

调味品中的添加剂

调味品让我们的生活充满了咸、甜、酸、辣，有滋有味，快来看看各种调味品中的添加剂吧！

🌿 食用油中的添加剂

我们每天炒菜都需要用到食用油，食用油给我们的生活带来了便利，也帮助我们烹饪出美味的菜肴。

（1）植物油中唯一的添加剂——抗氧化剂

在超市购买食用油，如果留心查看各种油的成分标识，你会发现，有的食用油标注"不添加抗氧化剂"，有的食用油注明加有"抗氧化剂"，还有的食用油则没有在标签上对食品添加剂作任何说明。

植物油中的添加剂只有一种，就是抗氧化剂。抗氧化剂能使植物油中不饱和脂肪酸链免受自由基攻击引发过氧化链式反应，即不会因变质而发出油臭味。

（2）抗氧化剂的种类

植物油中使用较多的合成抗氧化剂有丁基羟基茴香醚（BHA）、二丁基对甲苯酚（BHT）、叔丁基对苯二酚（TBHQ）等。《食品添加剂使用卫生标准》（GB 2760-2011）规定丁基羟基茴香醚（BHA）、二丁基对甲苯酚（BHT）、叔丁基对苯二酚（TBHQ）可用于食用油脂，最大使用量为 0.2 克 / 千克。

（3）抗氧化剂的作用

生产中，一般是 BHA、BHT 和柠檬酸组成 2：2：1 的混合物添加在植物油中。叔丁基对苯二酚（TBHQ）是一种较新的抗氧化剂，

添加 0.02% 的 TBHQ 可使饱和与不饱和脂肪酸的油脂氧化稳定性提高
2~5 倍，比传统的抗氧化剂更能延长优质的货架期。尽管抗氧化剂
是国家标准允许的添加剂，但在植物油的生产中也不是必须添加的，
除了添加抗氧化剂还有其他的方式可以保鲜。

🌿 酱油中的添加剂

市面上有两种酱油，一种是酿造酱油，另一种是配制酱油。酿
造酱油的价格要比配制酱油贵，这是由于它们所用的原料不同、生
产工艺不同，价格自然不同。

（1）酿造酱油

传统的酿造酱油工艺
源于制酱，中国在周朝时就
已发明了酱，酱存放时间久
了，其表面会出现一层汁。
人们品尝这种酱汁后，发现
它的味道很不错。于是此后
便改进了制酱工艺，特意酿
造出了酱油。它是将豆类、
小麦等原料经洗涤蒸煮，再
用曲菌使豆、麦发酵制成的
酱油。

（2）配制酱油

配制酱油是用酿造酱油为主体，与酸水解蛋白调味液（HVP）、
食品添加剂等配制而成的液体调味品。配制酱油必须以酿造酱油为
主体，酿造酱油的比例（以全氮计）不能少于 50%。只要在酿造酱油
中添加了酸水解植物蛋白液，不论添加量多少，一律属于配制酱油。
配制酱油中不得添加味精废液、胱氨酸废液和用非食品原料生产的
氨基酸液。

（3）配制酱油中的添加剂

配制酱油的原料主要为脱脂黄豆、氨基酸液、果葡萄糖浆、谷氨酸钠、5–核苷酸钠等。所谓的脱脂黄豆就是黄豆提取豆油后，剩下的副产品，俗称为豆饼。用脱脂黄豆酿造的酱油造价比较便宜。

加入的氨基酸液主要是利用玉米淀粉、水溶性糖及菌种等，经现代先进的生物发酵技术再经浓缩后而制成的，含有菌体蛋白、氨基酸及糖分。

为增加鲜味，加入谷氨酸钠、5–核苷酸钠等增味剂。

为增加甜味，添加果葡萄糖浆、甘草、甜菊糖、甜蜜素、甜味素（阿斯巴甜）等。

为了使配制酱油具有一定的黏稠度和色泽，一般还要加入黄原胶、卡拉胶、海藻酸钠等增稠剂和焦糖色素。

调味料中经常使用的防腐剂有苯甲酸钠、山梨酸钾，也有一些调味品使用脱氢乙酸或对羟基甲苯酸酯。其中苯甲酸钠的安全性相对较低。

食盐中的添加剂

为防止食盐聚集、板结，需要添加抗结剂。

（1）我国允许使用的抗结剂种类

我国允许在食品工业中使用的抗结剂有 5 种，即亚铁氰化钾、硅铝酸钠、磷酸三钙、二氧化硅和微晶纤维素。其中亚铁氰化钾最早被允许在食盐中添加作为抗结剂。亚铁氰化钾俗称黄血盐，是国内外广泛使用的食盐抗结剂，国际食品法典委员会及欧盟、澳大利亚、新西兰等地区和国家都允许作为食品添加剂使用。

（2）国家标准

中国《食品添加剂使用卫生标准》中允许亚铁氰化钾在盐和代盐制品中作为抗结剂使用，用于防止食盐结块，最大使用量为 10 毫克／千克，在产品包装上应当标为"亚铁氰化钾"或"抗结剂"。

（3）专家说法

专家指出，亚铁氰化钾中的铁和氰化物之间结构稳定，只有在高于 400℃才可能分解产生氰化钾，日常烹调温度通常低于 340℃，因此，在正常烹调温度下亚铁氰化钾分解的可能性极小。绿色食品食用盐禁止添加亚铁氰化钾。

醋中的添加剂

传统的酿造醋是用粮食为原料，长江以南以糯米和粳米为主，长江以北以高粱和小米为主。

（1）传统的酿造醋工艺

将粮食先经蒸煮、糊化、液化及糖化，使淀粉转变为糖，再用酵母使其发酵生成乙醇，然后在醋酸菌的作用下使之发酵，将乙醇氧化生成醋酸。酿造醋中的醋酸含量为 3%~5%。用粮食酿造的醋色泽暗红、汁液浓厚、酸甜兼备、味道鲜美，是我们生活中不可缺少的调味佳品。

（2）酒醋

玉米、甘薯、木薯、马铃薯等食材均含有丰富的淀粉，可以用来提取食用酒精。将食用酒精加水冲淡为原料，加醋酸菌经醋酸发酵，只需 1~3 天即得食用醋。这种以食用酒精为原料，应用速酿法制造出的醋，一般称为酒醋。由于生产酒醋所用原料便宜、生产工艺较为简单，因而价格低，但风味较差，口感薄淡，没有酸甜醇厚的口感。

（3）化学醋

市场上出售的醋除用粮食酿造的醋和用食用酒精为原料酿造的酒醋外，还有一种用冰醋酸勾兑出的醋，俗称化学醋。冰醋酸分为食用冰醋酸和工业冰醋酸，食用冰醋酸只要符合国家标准可以添加到食醋里面，而工业冰醋酸是一种化工原料，是不允许添加到食品里面去的。

（4）勾兑醋 VS 酿造醋

用冰醋酸勾兑醋的工艺简单，只需用食用冰醋酸加水配制成白醋，再加调味料、香料、色素等物，使之成为具有近似酿造醋的风味的食醋。用冰醋酸勾兑出的醋有刺鼻的酸味，吃起来口感发涩，不像酿造醋那样口感绵软、顺畅、香甜。如果不加色素，颜色看上去发淡。

胃酸过多和胃溃疡患者不宜食醋。因醋不仅会腐蚀胃肠黏膜而加速溃疡病的发展，且醋本身有丰富的有机酸，能使消化器官分泌大量消化液，使溃疡加重。

02 副食与零食

除了主食，生活中还有一些副食和零食是我们经常会接触或食用的。例如，便于存放的肉制品、"抗饿神器"方便面等，这些食品中都含有添加剂。

方便面中的添加剂

方便面是许多人喜爱的一类便捷饱肚食品，它因汤料不同而风味不同，品牌众多。方便面多配有汤料包，食用时将汤料和面饼放在一起用开水冲泡即可。但方便面中的添加剂，你了解吗？

🌿 面饼中的添加剂

一袋方便面里装有一块方便面饼，外加一个或几个小的料包，面饼重量一般在 100 克左右。方便面确实方便，只要有杯热水，你就可以不费吹灰之力，吃上热乎乎的汤面。方便面味道也确实不错，海鲜、牛肉、排骨、麻辣味，任你挑选。但是在你选择了方便、美味的同时，你也选择了多种添加剂。面饼中的添加剂有以下几种：

1. **食用碱**：为了增加面条的强度、提高面条的韧性、使面饼表面有光泽、有较好的外观，同时中和酸性、延长保质期，在方便面面饼制作中加入了食用碱，使用量一般在油炸方便面中为 0.1%~0.3%，在非油炸方便面中为 0.3%~0.5%。

2. **增稠剂**：这是方便面生产中一种常用的添加剂，常用的增稠剂有羧甲基纤维素钠、瓜尔豆胶及变性淀粉等。增稠剂具有提高面团含水量，增加面条的黏结性，减少油炸面的含油量等作用。

❸ **乳化剂**：方便面中还常使用硬脂酰乳酸钙、硬脂酰乳酸钠等作为乳化剂。乳化剂可以显著降低面汤的浑浊度和淀粉固形物的泡出率，不糊汤，同时增加面条的爽滑感和咀嚼性。

❹ **抗氧化剂**：油炸方便面若存放时间稍久，会因氧化产生酸败，吃起来有哈喇味。为延长方便面的保质期，在方便面中会加入丁基羟基茴香醚（BHA）、二丁基羟基甲苯（BHT）、没食子酸丙酯（PG）等合成抗氧化剂。

🌿 调料包中的添加剂

方便面食用时配有料包，如油脂料包、蔬菜料包、调味料包等。其包装物形态可分为粉末状、颗粒状、膏状和液状 4 种。这些料包中均含有防腐剂，以调味料包中含有的防腐剂最多。

❶ **苯甲酸和山梨酸**：为使调味料包内的调味料延长保存期，调味料包内一般都加有苯甲酸和山梨酸作为防腐剂。方便面的调味料包容许添加苯甲酸和山梨酸，但要防止添加量超标的现象。

❷ **食盐**：调味料中的咸味剂所用的原料是食盐，在汤料中的使用量很大，一般含量都在 50% 以上。食盐除起到增加咸味的作用外，还有抑菌的作用。一包 20 克的料包，至少有 10 克盐。吃一包方便面的盐摄入量，是正常一天盐摄入量的 2 倍。

❸ **谷氨酸钠**：在多种品牌的方便面中，几乎均放有味精，一般在 10% 以上。味精的化学名称为谷氨酸钠，在食品添加剂中未有限量规定，但有少数人食用后产生头疼等现象。

❹ **抗结剂**：为防止料包内的粉末状、颗粒状、膏状物质结块，料包内还添加有抗结剂。

❺ **其他添加剂**：一袋调味料包中基本含有咸味剂、鲜味料、甜味剂、抗结剂、香辛料、风味料、香精、酸味剂和着色剂等近 10 种添加剂。

方便面汤料中的焦糖色素

用热水泡一包方便面，不但香味扑鼻，而且色泽也诱人。方便面调料包中很少使用固体酱油，更多的是使用焦糖色素。焦糖色素俗称酱色，可使方便面的汤色有加酱油的感觉。焦糖色素是碳水化合物在高温下生成的产物。

20世纪60年代，由于焦糖色素含有环化物4-甲基咪唑，曾一度被怀疑对人体有害而被各国政府禁用。后经科学家们的多年努力研究，证明它是无害的，联合国粮食与农业组织（FAO）、联合国世界卫生组织（WHO）、国际食品添加剂联合专家委员会（JECFA）均已确认焦糖是安全的，但对4-甲基咪唑的含量做了限量的规定。过量使用焦糖色素，会造成4-甲基咪唑含量超标。

焦糖色素常被用在甜点制作上，它可以为糕点和甜点提供一种填补糖果或巧克力的风味；或作为食物黑色素，添加在可乐之类的饮料中；或被用作食品着色剂，如在威士忌行业中它是唯一被允许使用的添加剂。

肉制品中的添加剂

传统的肉制品加工多采用腌制、卤酱、腊制、风干等方法。但传统加工工艺落后，不适合批量生产，保质期短，很难适应市场的需要。为了改进产品的品质、改善产品的色泽、赋予产品浓郁的香味和延长产品的保质期，食品添加剂被广泛地用于肉制品加工中。

🍃 认识肉制品中的添加剂

肉制品为了保证良好的外观，鲜嫩的口感，诱人的色、香、味，延长货架期，在生产制作中，会不同程度地使用添加剂。

（1）肉制品中常用的添加剂

常用的添加剂有发色剂、发色助剂、着色剂、调香剂、咸味剂、甜味剂、酸味剂、鲜味剂、品质改良剂、增稠剂、酶制剂、抗氧化剂、防腐剂等多种添加剂。这些添加剂有的从天然物质中提取，更多的是化学合成物。

（2）各种添加剂的作用

发色剂、发色助剂、着色剂用来改变肉类制品的色泽，使其红润、鲜亮；调香剂、咸味剂、甜味剂、酸味剂、鲜味剂用来增添鲜香味，得到良好的口感；品质改良剂、增稠剂、酶制剂可以改变原料的品质；抗氧化剂、防腐剂可以延长货架期。

总之，消费者需要的品质、风味、口感、色泽等，添加剂均能给予最大的满足。生产中按国家标准规定的种类、剂量科学、规范地使用添加剂可以改善肉制品的品质、提高产品的产出率、延长货架期和增加品种。但是在实际生活中，违禁、违规、超量使用添加剂时有发生，看起来色泽好、闻起来香味足、吃起来鲜嫩可口的肉制品，不一定能保证卫生安全。

🌿 肉制品中的发色剂

为了改善和保护食品色泽，除了使用色素对食品进行直接着色外，还需加入发色剂。

（1）常用发色剂及其作用

常用的发色剂有亚硝酸钠、硝酸钠、硝酸钾、烟酰胺等。发色剂本身不具有颜色，但能使肉制品的色泽得到改善。发色助剂可用来防止肌红蛋白氧化，它可以把褐色的高铁肌红蛋白还原为红色的肌红蛋白以助护色，并且能使产品的切面不发生褐变。餐饮行业在制作烤肉、叉烧肉等食品时经常使用硝酸盐及亚硝酸盐改善肉制品的色香味。

（2）用量需控制在标准范围内

在肉制品中，亚硝酸盐应用的历史最长，在 20 世纪 50 年代，经实验证明，亚硝胺类物质具有强烈的致癌作用。因此，亚硝酸盐的使用一定要控制在国家标准范围之内。《食品添加剂使用卫生标准》中对硝酸钠和亚硝酸钠在肉制品中最大使用量的规定：亚硝酸钠为0.15 克 / 千克，硝酸钠为 0.5 克 / 千克，肉制品中最大残留量不得超过 0.03 克 / 千克。

（3）持续使用的两个原因

硝酸盐和亚硝酸盐的使用受到严格的控制，但至今仍继续在使用，原因有两个：

▶ A. 亚硝酸盐对保持肉制品的色、香、味有特殊的作用，至今还没有替代物；

▶ B. 亚硝酸盐对肉毒梭状芽孢杆菌有抑制作用。

🍂 肉制品中的着色剂

使加工的肉制品有鲜亮的色泽，增强肉制品的感官性状，增进人们的食欲，肉制品加工时一般要使用着色剂。常见的食用着色剂分为两种：食用天然色素和食用合成色素。食用合成色素大多对人体有害，摄入过多会导致中毒、呕吐、腹泻，甚至引发癌症。因此，肉制品加工中明确规定不得使用食用合成色素。

肉制品加工中使用的食用天然色素主要是红曲米和红曲色素：

▶ **红曲米**：以稻米为原料，用红曲霉菌发酵而成。它是中国独特的传统食品，距今已经有千年历史，早在明代药学家李时珍所著《本草纲目》中，就记载红曲可作为中医药材，认为红曲营养丰富、无毒无害，具有健脾消食、活血化瘀的特殊功效，历来被视为安全性高的食品添加剂。另外焦糖也是一种食用天然色素，广泛用于肉制品加工中，起到补充颜色、改善产品外观的作用。

▶ **红曲色素**：是用酒精浸泡红曲米，抽提红色的浸泡液得到的。

🍂 来自调香剂的香味

肉制品中使用的调香剂也可以分为天然香辛料和人工合成的调味香精两大类。

（1）天然香辛料

肉制品中常用的天然香辛料包括我们常见的花椒、胡椒、茴香、肉豆蔻、丁香、月桂叶、桂皮、砂仁、豆蔻、辣椒、葱、姜、蒜等。这些天然香辛料具有不同的香气和风味，为肉制品增添诱人的香味。

（2）人工合成的调味香精

在肉制品加工工艺高度发展的今天，传统的天然香辛料多被调味香精取代。调味香精是由天然香料中的提取物或人工化学合成的多种香料及其辅料组成的混合物。为了降低成本，生产中更多使用人工合成的调味香精。

肉制品加工中添加的调味香精有猪肉香精、牛肉香精、鸡肉香精等，不同的调味香精具有所代表肉类的特征香气，并且其香味更加细腻、持久。调味香精不但能补充产品底味，改善口感，甚至能掩盖原料的不良味道。因此，即使使用劣质原料，也能生产出味道鲜美的产品。

🌿 肉制品的鲜味来自鲜味剂

鲜味剂或称风味增强剂，是补充或增强食品原有风味的物质。生产上用于肉制品的鲜味剂有合成型肉香精、拌和型肉香精、反应型调理肉香精，其中以合成型肉香精为主。

合成型肉香精是采用天然原料或化工原料，通过化学合成的方法制取的香料化合物，经过调香师个性化设计，按主香、辅香、头香、定香的设计比例勾兑而成。

合成型肉香精	分类	猪肉香精
		鸡肉香精
		牛肉香精
		羊肉香精
		海鲜香精
	香型风格	炖肉风格香精
		烧烤风格香精
		肉汤风格香精
		纯天然肉香风格香精

（1）谷氨酸钠等氨基酸类鲜味剂及其特点

肉制品加工中，谷氨酸钠是最常用的鲜味剂，谷氨酸钠属于氨基酸类鲜味剂，俗称味精。5'-肌苷酸钠也是氨基酸类鲜味剂，但其鲜味比谷氨酸钠强10~30倍，与谷氨酸钠按1：7混合使用，其鲜味有倍增效果。

谷氨酸钠等氨基酸类鲜味剂的特点是呈味速度快，一般叫作"先味"，即立刻就能感觉到的味道；与其相对的是后味，即需要时间才能感觉到的味道。如果只有先味，尽管味道好，但持续时间短，会缺乏满足感。

（2）酵母提取物

酵母提取物含有大量的氨基酸和核糖核苷酸，属于复合鲜味剂。添加了酵母提取物可以加大味道的表现力，延长味道持续的时间，使人得到味觉上的满足。

（3）高档肉制品VS低档肉制品

高档肉制品用的各种辅料和添加剂较少，肉的香气和风味相应增加，使用肉香精的量相对少；而低档肉制品用的各种辅料和添加剂较多，肉的香气和风味差，使用肉香精的量相对要多。

肉制品的鲜香味道，主要来自鲜味剂，当我们的味蕾过多地享受鲜香味道时，我们就成了鲜味剂的俘虏，对自然的鲜香难以辨别，这就过犹不及了。

香料和香精让肉制品的味道更好。大家吃加工过的肉制品时总会觉得跟我们平时所吃的鲜肉味道不一样，这就是香料和香精的作用造成的。

🌿 可以改良肉质的磷酸盐

为了使肉制品形态完整、色泽美观、肉质细嫩、切断面有光泽，在肉制品加工过程中会加入焦磷酸钠、三聚磷酸钠、六偏磷酸钠等多聚磷酸盐。

磷酸盐可显著提高肉类的持水性，改变肉制品的质地，还可以使肉制品口感良好、结构紧密、切片平滑、富有弹性。磷酸盐是人体组织如牙齿、骨骼及酶的成分之一，并且是糖、脂肪、蛋白质代谢所不可缺少的成分。

但当膳食中磷酸盐过多时，能在肠道中与钙结合成难溶于水的正磷酸钙，从而降低钙的吸收，引起体内钙磷比例失调。长期大量摄入磷酸盐可导致甲状腺肿大、钙化性肾功能不全，还能影响儿童维生素 D 的吸收。

🌿 可使肉嫩化的酶嫩化剂

嫩化剂又叫嫩肉剂。顾名思义，它是可以使肉质鲜嫩的食品添加剂。

（1）嫩化剂的作用机理

餐饮行业用的嫩化剂主要是蛋白酶类，它是一类专门分解蛋白质的酶，能将肉类结缔组织纤维中结构复杂的胶原蛋白及弹性蛋白进行适当地分解，使部分氨基酸与氨之间的连接键发生断裂，破坏其分子结构，从而大大提高肉的嫩度，并使风味改善。用蛋白酶来嫩化一些粗糙、老硬的肉类是最为有效的方法。

（2）最常用的植物蛋白酶嫩化剂——木瓜蛋白酶

木瓜蛋白酶来自番木瓜，将采集的番木瓜浆液中加入适量的乙二胺四乙酸（EDTA）、亚硫酸氢钠（NaHSO3）、焦亚硫酸钠（Na2S2O5）等保护剂，保护木瓜蛋白酶中的活性巯基。然后将浆液进行过滤，除去杂质。在 55~60℃的条件下对浆液进行热风干燥，再经过粉碎，即可得到木瓜蛋白酶粗品。

采用木瓜蛋白酶制成的肉类嫩化剂，即使是老龄畜禽肉，经处

理后也能达到嫩化效果。市场上出售的嫩肉粉，其主要成分就是木瓜蛋白酶。嫩肉粉的过量使用，会使一些营养物质流失。因此，在肉制品加工时，添加嫩肉粉也要严格遵守国家标准。

咸肉、腊肉中的添加剂

咸肉和腊肉是许多人很喜爱的风味食物，其储藏时间长，方便随时食用，但正因为如此，咸肉、腊肉中不得不加入添加剂。

（1）咸肉

咸肉又称腌肉，是原料肉经腌制加工而成的生肉类制品，食用前需进行熟加工，如咸猪肉、咸牛肉等。

咸肉在过去是用来贮藏肉的重要手段之一，在现代生活中更多的是将其作为一种风味食品食用。优质的咸肉应外表干燥、清洁，肉质紧密而结实，切面平整，有光泽，肌肉呈红色，脂肪面白或微红色，具有咸肉固有的风味。咸肉一般冬季生产，耐久贮藏。

（2）腊肉

腊肉是流传于南方等地的一种腌制肉食，由于各地消费习惯不同，腊肉产品的品质和风味也各具特色。以鲜猪肉为原料的比较著名的腊肉有广东、四川、湖南等地的腊肉。

广东腊肉的特点是选料严格，制作精细，色泽鲜明，质地美观，芬芳醇厚，甘香爽口。

川味腊肉色泽鲜明，皮黄肉红，脂肪乳白，腊香浓郁，成鲜绵长。

湖南腊肉皮呈紫酱色，肥肉淡黄，瘦肉棕红，味香利口，食而不腻。

（3）咸肉、腊肉中的亚硝酸盐

咸肉制作加工的主料是鲜肉，辅料是食用盐。如加工鲜猪肉，每100千克猪肉，用盐量为4~16千克。腊肉制作中用盐量较咸肉制作用盐量少。

咸肉、腊肉在加工过程中，为了使产品色泽红润，同时起到防腐的作用，会在食盐中掺进亚硝酸盐。亚硝酸盐之所以能防腐，是因为添加到肉制品中后，与肉制品中的肌红蛋白结合，产生不易腐化的亚硝酸肌红蛋白。从感官上看，亚硝酸盐添加得越多，腌腊制品或咸肉与腊肉的颜色就越红。因此，消费者在选购时，不能只看颜色红不红，太红的就有可能是亚硝酸盐添加超标。

糕点中的添加剂

香甜可口的糕点确实很吸引人，但在这层华丽的保护膜下面究竟藏着怎样的一张脸？

🌿 好看的糕点问题多

糕点是食品着色剂应用最普遍的食品之一，色素对蛋糕装饰加工尤为重要，鲜艳的色泽不但能给人以美的享受，而且能够刺激食欲。

（1）食品着色剂

食品着色剂又称食用色素，可分为天然着色剂和合成着色剂两大类。

► **天然着色剂**：常用的天然着色剂有红曲色素、甜菜红、辣椒红素、姜黄、越橘红、栀子黄等。天然着色剂安全性高，着色色调较为自然，但成本高，着色力弱，稳定性差。

► **合成着色剂**：也称为食品合成染料，在功能上、成本上均优于天然着色剂，但安全性低。糕点中基本上都使用合成着色剂。

（2）常用的食品合成着色剂

糕点中常用的食品合成着色剂有苋菜红、赤藓红、柠檬黄、日落黄、靛蓝等。而且为了使糕点具有各种不同的颜色，使用单一的着色剂往往还不能满足需要，需要将两种以上着色剂混合起来使用。如绿色是由靛蓝和柠檬黄混合而成，橙色则由柠檬黄与胭脂红混合而成。

（3）人工合成色素

我国规定，人工合成色素只能应用于糕点的彩装和中式糕点中的表面装饰，而且对于应用限量具有严格规定，严禁用于糕点主体。

有的不法生产企业和作坊在糕点主体中加入人工合成色素，如夹心饼干的夹心部分常用合成色素胭脂红、柠檬黄；巧克力饼干中多使用苋菜红、靛蓝；蛋卷中常用柠檬黄、胭脂红、栀子黄等色素使制品呈淡黄色。甚至使用更便宜的工业用色素。工业用色素实际上就是化工染料，食用工业色素会严重危害身体健康。

糕点中的香精、香料

（1）糕点的香味由两部分组成

▶ 原料在焙烤过程中产生的香味。蔗糖在高温下发生的焦糖化反应的产物和糕点中还原糖与氨基酸所产生的美拉德反应产物所具有的香味。另外，油脂、面粉等经高温作用同样也产生香味。

▶ 添加的香精、香料产生的香味。使用少量香精、香料，能使糕点的香味更为突出。

（2）糕点中常用的香精、香料

糕点中常用的香精、香料有水果型香精、香兰素、奶油香精、巧克力香精、可可型香精、薄荷香精等，其中水果型香精使用较多的有桂花香精、柠檬香精、杏仁香精、香蕉香精、橘子香精、椰子香精等。

（3）化工合成原料发出水果香

当你吃不同口味的饼干、月饼时，千万不要认为果味来自天然的水果，那些芬芳的水果香味实际和水果没有什么关系。

糕点中的水果香味多数来自化工合成原料。如合成香料 α－戊基肉桂醛可配制苹果、杏、桃、草莓、樱桃等型香精，丁香苄酯主要用于配制甜梨、覆盆子、李和桃等型香精，丁酸丁酯可用于配制香蕉和奶油等型香精。

大多数食用香精都是由食品香料调配而成的，其中包含如乙醇、

133

植物油或其他溶剂。据资料显示，目前世界范围内使用的食用香料种类约有1700多种，但经过世界粮农组织（FAO）和世界卫生组织（WHO）食品添加剂专家委员会评价过的食用香料数量很少。中国食品添加剂标准化委员会确定，在中国使用的食品香料品种，参照国际标准按有关规定进行评价，通过允许或暂时允许使用的名单。

> 一般在蛋糕里添加的是香草精，有天然提取的，也有人工合成的。天然提取的，香味比味浓，而且高温烘焙后香味损失少；人工合成的，香味相对比较淡，要严格按规定添加，烘焙后香味损失较大。

🌿 糕点中的抗氧化剂

油脂是糕点生产过程中的重要原料，是决定糕点产品质量的关键因素之一，同时也是糕点制作成本中占比重最大的部分。

一方面，部分企业为了降低生产成本，采用质量较低的油脂，甚至许多不法企业和生产作坊采用或部分采用国家明令禁止的工业油脂、回收"地沟油"等生产糕点。

另一方面，许多糕点没有采用现代化包装技术，甚至长时间以散装形式销售，容易使糕点中的油脂在自然环境中产生酸败。油脂酸败后会发生一系列的氧化反应，产生过氧化，如小分子量的有机酸、酮、醛类物质，使食品产生一种不好的气味，就是常说的"哈喇味"。油脂酸败不仅降低了食物本身的营养价值，酸败的产物对人体酶系统，对肝、肺、肾等器官有损害作用。

莲蓉、豆沙等馅料以及月饼等糕点都是含油量比较高的食品，极容易因油脂氧化而变质。为了延长货架期，在生产中必须添加抗氧化剂阻止油脂氧化。人工合成的抗氧化剂不是食品，添加的目的是为了延长货架期，防止油脂酸败。超范围、超量使用，仍会影响食用者的身体健康。

糕点中的防霉剂

以往面包、蛋糕等烘焙食品一般是现做现卖，很少涉及防霉保鲜的问题。现在由于市场需要，要求这些产品具有较长的保质期。而糕点类食品具有丰富的营养和较高的含水量，是微生物的天然优良培养基，在生产和销售中很容易受微生物污染，特别是真菌的控制是糕点的一个难题。控制糕点中微生物污染的关键是具有良好的生产条件并遵守操作规范，对食品进行完整的包装，并辅以少量的防霉剂对可能感染的少数微生物起抑制作用。

糕点中常用的防霉剂主要由丙酸钙、丙酸钠、脱氢醋酸钠等成分组成。面包生产时，加入 0.3% 丙酸钙，可延长面包货架期 2~4 天不长霉；在月饼中加入 0.25% 丙酸钙，可延长月饼 30~40 天不长霉。

腌渍菜中的添加剂

在腌渍菜、糖醋腌渍菜、蔬菜蜜饯及泡菜等蔬菜加工产品中，广泛使用着食品添加剂。

🍂 腌渍蔬菜中的甜味剂

在食品加工中，为改善食品口感，增加甜味，会加入甜味剂。

（1）天然甜味剂和人工甜味剂

目前世界上允许使用的甜味剂约有 20 种，按其来源可分为天然甜味剂和人工甜味剂。生产中为降低成本，使用人工甜味剂较多。人工甜味剂一般甜度很高，用量极少，热量很低，有些甚至不参与代谢过程，常称为非营养性或低热值甜味剂，是甜味剂的重要品种。

（2）常用的人工甜味剂

糖精钠、环己基氨基磺酸钠（甜蜜素）、天门冬氨酰苯丙氨酸甲酯（甜蜜素或阿斯巴甜）、乙酰磺胺酸钾（安赛蜜）、三氯蔗糖等。

（3）腌渍菜中的甜蜜素和糖精钠

在糖醋腌渍菜、水果蜜饯及榨菜等加工制品中，以糖精钠、甜蜜素用量较多。

糖精钠和甜蜜素都是无热量的人工合成甜味剂，常被用到低热量食品中，在酱腌菜产品中主要起到代替糖的作用。

由于甜蜜素的甜度较低，往往与糖精钠共同使用，因此容易被超量使用。酱渍菜和盐渍菜中甜蜜素不宜超过 0.65 克 / 千克，糖精钠不得超过 0.15 克 / 千克，安赛蜜不得超过 0.3 克 / 千克，其他类酱腌菜均未作规定，表明其生产过程中是不允许添加的。

谁替代了低盐咸菜中的盐？

咸菜是人们喜爱的小菜，尤其是喝粥时佐以咸菜，清爽开胃。但随着科学知识的普及，大家都知道咸菜含盐量高，食用过量的盐不利于健康。

为了解决想吃又怕吃盐太多的这一矛盾，市场推出了低盐咸菜。一些超市里陆续出现了许多种类的低盐咸菜。由于低盐咸菜不咸又脆，深受市民们的喜爱。低盐咸菜和传统咸菜相比除了减少了盐的添加量，还有哪些不同？又是哪些物质替代了盐？我们只要从包装的配料成分表中，就可以找出答案。

▶ **传统咸菜**：成分除主料外，配料一般有盐、香料、味精等。

▶ **低盐咸菜**：配料成分大多有味精、甜蜜素、糖精钠、柠檬黄、香辛料、安赛蜜、山梨酸、苯甲酸钠等。

加工蔬菜中的防腐剂

防腐剂对加工食品保鲜起着重要的作用。食品腐败变质不仅会使食品丧失营养价值，还会造成食物中毒。为了延长食品的保存期限，人们在食品加工过程中加入不同的防腐剂，以延长其货架期。

在蔬菜加工产品中应用的大多为化学防腐剂，常用的主要有：苯甲酸（钠）、山梨酸（钾）、对羟基苯甲酸酯类、丙酸盐、亚硫酸及其盐类、硝酸盐及亚硝酸盐。

苯甲酸和山梨酸均为人工合成的防腐剂，我国对它们在食品中的使用做出了严格的限量规定，过量食用会对人体的肝脏和肾脏产生影响，特别是加重肝脏的负担。

根据强制性国家标准《食品添加剂使用卫生标准》规定，酱腌菜中苯甲酸及其钠盐不得超过0.5克/千克，酱渍蔬菜和盐渍蔬菜中山梨酸及其钾盐不得超过0.5克/千克，其他类酱腌菜如酱油渍菜、糖醋渍菜等均未作规定，表明其产品生产过程中是不允许添加的。

为什么一些外国禁用的食品添加剂 在我国可以用?

经常会看到这样的报道:"XX添加剂在欧盟禁止使用,而中国还在使用。"也有些报道会说"在国外的限量是XX,而我国限量比国外高"。实际上无论哪个国家,无论哪种食品添加剂,批准使用的前提都是经过科学的风险评估,认为不会对人体造成危害。至于某个国家让不让用、如何用,那只是管理上的取舍。

有些食品添加剂是我国特有的,仅在我国范围内允许使用,比如竹叶抗氧化剂、茶绿色素、茶黄色素等。我们有些食品添加剂的限量是严于国际组织或发达国家的,比如我国果冻中使用山梨酸钾(防腐剂)的限量是0.5克/千克,而欧盟的限量是1克/千克。还有一些食品添加剂是国际标准或发达国家允许使用的,而我国并未批准使用,比如过氧化苯甲酰(面粉增白剂)在国际标准以及美国、加拿大、澳大利亚、新西兰标准中都可以使用,而我国已经禁用。

蜜饯、糖果中的添加剂

甜是蜜饯和糖果的一个共同特点。

甜入心的蜜饯

蜜饯是一大类食品的统称，包括蜜饯类、凉果类、果脯类、话梅类、果丹（饼）类和果膏类六个类别。其制作原料多以果品为主，采用糖渍、糖煮、蜜制等工艺制成。产品多种多样，口味或甜或酸甜适口。

（1）蜜饯有哪些？

常见的蜜饯类食品有蜜金橘、糖桂花、化皮橄榄、糖冬瓜条、金丝蜜枣、金橘饼、杏脯、菠萝干、姜糖片、木瓜条、八珍梅、梅味金橘、话梅、甘草榄、九制陈皮、话李、山楂糕、开胃金橘、果丹皮等。

（2）蜜饯中的糖精钠、甜蜜素

蜜饯的生产中使用了大量的糖和蜜，糖和蜜可改变果肉的渗透压，形成水分外渗，降低了果肉中水分的含量，使水果中的大量细菌不能存活。这样制作出来的蜜饯香甜可口，并且能保存相当长的时间。一些生产者为降低成本，用糖精钠、甜蜜素等价格便宜的甜味物质代替糖和蜜，但糖精钠、甜蜜素只能解决保持甜度的问题，不能起到糖和蜜等同的保质效果。

（3）蜜饯中的色素

青橄榄、果丹皮、红绿丝等蜜饯常需要添加人工合成色素来"调色"，如日落黄、苋菜红、亮蓝等。这类人工合成色素在国家标准规定范围内使用是安全的，但如不控制用量就会造成着色剂超标，对人体健康带来危害。

（4）蜜饯中的亚硫酸盐

为了不使杏脯、桃脯等果脯发生褐变，生产中一般需加入亚硫酸盐进行漂白。国家标准规定，亚硫酸盐发生化学反应后生成的二氧化硫残留量不得超过 2 克/千克。

五颜六色的糖果

许多糖果原料本身并没有艳丽的颜色，是色素赋予其与风味相互协调的色彩。糖果对人的诱惑力，往往是颜色而不是风味。具有鲜艳色彩的糖果，更富有吸引力。

在糖果产品中，相当一部分糖果是通过添加着色剂来呈现各种鲜艳的色彩和花纹的。食品着色剂又称食用色素，按其来源，食用色素可分为两大类：天然色素和人工合成色素。

（1）天然色素

天然色素是从植物、动物或微生物代谢产物中提取出来的。因为是天然成分，许多天然色素对人体的安全性相对较高，有的天然色素本身就是一种营养素，具有一定的营养效果和药理作用。其缺点是较难提纯，着色力弱，不稳定，价格较高。

在糖果中应用的天然色素有 β - 胡萝卜素、甜菜红、姜黄、红花黄、焦糖色、红曲红、栀子蓝、叶绿素铜钠等。

（2）人工合成色素

人工合成色素主要是从煤焦油的馏取物制取，优点是色泽鲜艳齐全，染着性强，坚牢度大，稳定性好；缺点是存在安全性问题，国内外陆续发现一些人工合成色素具有致癌致畸等严重毒副作用而被禁用，允许使用的品种、用量及使用范围都受到严格限制。

目前，我国允许使用的人工合成色素有苋菜红、胭脂红、赤藓红、新红、柠檬黄、日落黄、亮蓝、靛蓝等。

糖果生产中所需的各种颜色，均可用红、黄、蓝三种基本颜色按不同的比例调配出来。几种色素混合使用时，其用量不得超过单一色素的使用量。

红橙黄绿青蓝紫，看上去越漂亮、颜色越鲜艳的食物，实际含有更多的色素。这一点，在糖果中尤为突出。虽然其中的色素属于国家允许的添加剂，但食用过量还是会对身体造成不利影响，特别是对儿童。

豆制品中的添加剂

豆制品是指以大豆为原料经过加工制作或精炼提取而得到的食品，简称豆制品。豆制品品种多样，口味不同，是重要的副食品，也深受人们的喜爱。

豆制品知多少

大体上讲可将豆制品分成传统豆制品和新兴豆制品两种。中国传统豆制品的代表是已具有几千年生产历史的豆腐。

传统豆制品又分为大豆发酵制品和大豆非发酵制品。

▶ **大豆发酵制品**：由一种或几种特殊的生物经过发酵过程得到的产品，主要有酱油、豆酱、腐乳、豆豉等。

▶ **大豆非发酵制品**：常见的有豆腐、豆腐花、豆浆、豆腐干、豆腐丝、豆腐皮、腐竹、千张、素食品。

随着科学技术的进步，在传统豆制品的基础上，人们开发出如豆乳粉、豆乳、大豆冰激凌、全脂豆腐、大豆蛋白等更多种类的新兴豆制品。由于能提供丰富的植物蛋白，深受广大消费者喜爱。

用卤水和石膏点的豆腐

根据做豆腐用的凝固剂和含水量的不同，习惯上将豆腐分为北豆腐和南豆腐。

（1）北豆腐

北豆腐俗称老豆腐，用盐卤做凝固剂，含水量在 80%~85%。盐卤又名卤水，民间有"卤水点豆腐，一物降一物"的民谚。是借用卤水可以作为凝固剂这一科学原理而产生的。

盐卤的主要成分有氯化镁、硫酸镁、氯化钠、溴化镁。盐卤过量食用会造成生命危险，戏剧《白毛女》中杨白劳被迫喝的就是盐卤。点豆腐时盐卤过量会使豆腐变苦，不能食用，但点豆腐的盐卤在正常用量下不会造成人体中毒。

（2）南豆腐

南豆腐俗称嫩豆腐，以石膏做凝固剂，含水量在85%~90%。石膏的化学成分是硫酸钙，钙和硫酸根在人体中也常存在，所以硫酸钙被认为是无害的。

内酯豆腐

在超市买到的盒（袋）装豆腐比卤水豆腐和南豆腐更为滑嫩，商品名称为内酯豆腐。

生产内酯豆腐所用的凝固剂是葡萄糖酸内酯，生产时将豆浆煮开，待豆浆温度降至30℃左右时进行点浆。点浆时，将葡萄糖酸内酯先溶于水，然后尽快加入到冷却好的豆浆中。加入后搅匀装入包装盒（袋）内，加温至90℃，豆浆中的葡萄糖酸内酯水解成葡萄糖酸，使豆腐凝固成形，不需要压制和脱水即可制成。

葡萄糖酸内酯为白色结晶或结晶性粉末，无臭或稍有香味。开始有甜味，稍后显酸味。葡萄糖酸内酯在生产内酯豆腐的过程中既是凝固剂，也起到防腐的作用，被认为是无毒食品添加剂。内酯豆腐在4~6℃低温冷藏情况下，可以安全保存7天，要想提高保质期，就要加其他的防腐剂来增加产品的货架期。

日本豆腐

日本豆腐始创于日本，经马来西亚最先传入中国南方，然后风靡全国各地市场。日本豆腐，俗称"鸡蛋豆腐""玉子豆腐"，它完全不同于盒装内酯豆腐，是以鸡蛋为原料，加水、添加剂等，经科学配方精制而成，似豆腐又不是豆腐，具豆腐之爽滑鲜嫩与鸡蛋之美味清香。日本豆腐采用食品塑料真空包装，全密封加热杀菌，保质期较长。

豆乳中的添加剂

豆浆是人们喜爱的一种饮料，豆浆、油条是很多老北京人一辈子吃不腻的早点。但传统的豆浆带有明显的豆腥味和苦涩味，而且还含有一些不利于人体吸收的抗营养因子。豆乳是在豆浆的基础上发展起来的产品，是在 20 世纪 70 年代迅猛发展起来的一类蛋白质饮料。

（1）添加剂可以增加豆乳货架期

豆乳的种类很多，大致可分纯豆乳、调制豆乳和豆乳饮料三类。豆乳不像传统的豆浆可以现煮现卖。作为一种工业食品，无论哪一种豆乳，都要增加其商品性和尽可能长的货架期。而要达到这种目的，添加多种添加剂不失为一种很简洁的办法。

（2）豆乳中各种各样的添加剂

① **油脂**：为了改善豆乳制品的口感和色泽，有时在豆乳中加入一定量的油脂。

② **乳化稳定剂**：豆乳在存放过程中容易产生脂肪上浮和蛋白质沉淀，为了提高豆乳的稳定性，通常在豆乳中添加乳化稳定剂。常用的乳化稳定剂有单硬脂酸甘油酯、山梨醇酐脂肪酸酯。

③ **增稠稳定剂**：可以提高豆乳的黏稠度，从而起到稳定的效果。常用的增稠稳定剂有羧甲基纤维素钠，应用在豆乳中能防止脂肪、蛋白质上浮下沉，还能对豆乳增白、增甜。

④ **食品级明胶**：有明显的增稠作用，可使低脂豆乳达到类似高奶油含量豆乳的组织状态。

⑤ **甜味剂**：在豆乳调制过程中，常常加入蔗糖作为甜味调味剂。为了降低生产成本，一般用蛋白糖、甜蜜素、山梨醇等部分或全部取代蔗糖。

⑥ **香精、香料**：当你品尝到水果风味或奶味或巧克力味的豆乳时，那肯定是加入了相关的香料和香精。

⑦ **色素**：如果你喝的豆奶是带有颜色的，那是加入了色素。

🌿 豆腐干中的山梨酸

豆腐干是豆腐的半脱水制品，制作方法、加工过程同豆腐，主要区别在其含水率为豆腐的 40%~50%。豆腐干分为白干、熏干、五香豆腐干等品种。豆腐干富含植物蛋白，极易滋生微生物，为了有效延长保质期，一般都要加入防腐剂。《食品添加剂使用卫生标准》中允许豆干中添加山梨酸盐作为防腐剂，但是严禁过量使用。

🌿 其他豆制品中的添加剂

还有一部分豆制品是豆腐经炸、卤、熏制等工艺制成的，如素鸡、素火腿、干尖、辣豆丝、人造肉等。这一类豆制品，不但营养丰富，富含蛋白质，而且风味多样，甜辣鲜香各异，深受消费者青睐。早期产品多为散装，现多为塑料袋或塑料盒封装。由于其产品种类多，使用的添加剂种类也多，归纳起来主要有防腐剂、甜味剂、鲜味剂、香料、色素等。上述各种添加剂如按国家规定标准使用，可以延长存放期，增加口感。

03 饮品

饮品在人们的生活中有着无可比拟的重要地位，饮料、果汁、茶、咖啡、酒等都属于饮品的范畴。那么，饮品中又含有多少食品添加剂呢？

碳酸饮料中的添加剂

碳酸饮料是在一定的条件下充入二氧化碳气体的饮料，俗称"汽水"。碳酸饮料中不含酒精，属于软饮料，是软饮料中的主要产品。但是，碳酸饮料中的添加剂你知道吗？

🍃 为什么有人喜欢喝碳酸饮料？

由于碳酸饮料中含有一定浓度的碳酸，喝入人体后，饮料由于温度升高、压力降低而释放出二氧化碳气体。气体会把体内的部分热量带走，使人感到凉爽、舒畅。喝碳酸饮料会"打嗝"，这就是二氧化碳气体在排出。二氧化碳气体排出时能带出香味，同时还能对口腔产生一种刺激性的"杀口感"。

可乐是一种碳酸饮料，配料包括有水、砂糖、果葡糖浆，食品添加剂有二氧化碳、焦糖色、磷酸、咖啡因和食用香精。可乐除具有碳酸饮料共同的特点外，所含有的咖啡因也是让人喜欢饮用的原因。

🌿 碳酸饮料营养丰富吗？

碳酸饮料可分为果汁型、果味型、可乐型等不同口味。除果汁型碳酸饮料含有少量的原果汁，其他类型的碳酸饮料主要成分是水、二氧化碳、糖、甜味剂、香精等。水是碳酸饮料的主要成分，占90%以上。

可乐	配料	水、白砂糖、果葡糖浆
	食品添加剂	二氧化碳、焦糖色、磷酸、咖啡因和食用香精
	每100毫升的营养成分	能量177 千焦（约42 千卡）、碳水化合物11.3 克、钠12 毫克

喝一瓶600毫升的可乐所获得的热量，相当于吃0.6千克苹果（约185千焦/100克）所获得的热量。从营养学角度分析，可乐的热量高，营养价值低。碳酸饮料普遍存在能量较高、营养价值较低的问题，从营养学角度看，碳酸饮料不宜过量饮用。

未开封的碳酸饮料可存放于冰箱冷藏或是在阴凉处保存，避免日光直射。开封后，尽量马上饮用完，避免存放过久至二氧化碳散失后，降低其抑菌的功能，使细菌等微生物容易快速生长。

碳酸饮料为什么特别甜？

喝碳酸饮料感到特别甜，其甜味除来自少量的蔗糖外，主要来自食品添加剂中的甜味剂。这些食品添加剂包括有甜菊苷、蛋白糖、甜蜜素、糖精钠、阿斯巴甜、A-K 糖等。

甜菊苷	甜菊苷的甜度约为蔗糖的300倍，是一种无毒、天然的有机甜味剂。由于其在人体内不参与代谢，不提供热量，所以号称为"天然甜味剂"，但一直未能得到欧美国家的认可。目前，世界上仅中国、日本、韩国、巴西、巴拉圭、泰国、马来西亚等8个国家批准使用，甜菊苷的每日容许摄入量为5.5 毫克/千克
蛋白糖	国家批准使用的甜味剂名单中，没有"蛋白糖"这个名称。"蛋白糖"的名称掩盖了食品中添加各种甜味剂的真相。复配"蛋白糖"是近些年来出现的一种混合型甜味剂，它原是对甜蜜素的一种别称，与蛋白质毫无关系。饮料中用少量蔗糖掺入大量的糖精钠、甜蜜素等低价的人工合成甜味剂，冠名蛋白糖，严重侵犯了消费者的知情权
A-K 糖	A-K 糖，学名为乙酰磺胺酸钾，又叫安赛蜜。从1988年开始作为一种低热量甜味剂被允许使用，是一种有机合成盐，其口味酷似蔗糖，甜度为蔗糖的200倍，与其他甜味剂使用时具有协同增甜效果。因其价格便宜，被大量作为甜味剂使用

🍃 碳酸饮料中的酸味剂

　　一般人喝碳酸饮料是喜欢那种甜甜的味道，但过甜或单一的甜味，会使人产生一种甜腻的感觉，若能以适当的酸甜比配合，可明显地改善其风味和掩盖某些不好的风味。因此，碳酸饮料在生产中一般都要加入酸味剂。主要的酸味剂有柠檬酸、苹果酸、磷酸等。酸味剂能降低和平衡糖果中过多的甜味，调节糖酸比，改善口感，增进香味。

柠檬酸	碳酸饮料中使用最为普遍的酸味剂，一般单独使用。柠檬酸所产生的令人愉快、有清凉感的酸味，给人以爽快的刺激感，但酸味消失快
苹果酸	带有苦味，其酸味的产生和消失缓慢，刺激性比柠檬酸强，对化学甜味剂具有掩盖后味的作用
磷酸	可乐型碳酸饮料中常用磷酸，磷酸是一种伴有涩味的酸味剂，可增加可乐型碳酸饮料的风味

　　酸味剂除了调味作用外，还能起到防腐作用。微生物生存所需要的环境都有一定的酸性、碱性或中性，多数细菌耐受 pH 值为 6.5~7.5，少数耐受 pH 值为 4~3 的范围（如酵母菌、真菌），因此，酸味剂不但可以调整酸度起防腐作用，还能增加苯甲酸、山梨酸等防腐剂的抗菌效果。

🌿 碳酸饮料的果味来自水果香精

我们日常喝到的各种水果香型的碳酸饮料，是由众多的单体香料配制而成。如我们经常喝的橘子味碳酸饮料，其橘子味源于橘子香精。

橘子香精是由甜橘精、甜橙油、广柑油、辛醛、癸醛、柠檬醛、芳樟醇、丁酸乙酯、甘油、植物油、乙醇等 12 种化学原料配制而成；苹果香精由 20 种化学原料配制而成；荔枝香精由 22 种化学原料配制而成；而葡萄香精由 25 种化学原料配制而成。

水果香精化学发展到今天，从理论上讲，可以生产出任何一种水果风味的水果香精。这些化学香精有其名而无其实，可以满足口感的要求，但对身体健康无益。

🌿 五颜六色的碳酸饮料

碳酸饮料有无色的，如"雪碧"，但更多的是带有颜色的，这些颜色的来源就是色素。碳酸饮料中使用的色素以橙、红、黄、紫色调为主。

色素可分为天然色素和人工合成色素两大类。

目前允许使用的人工合成色素有胭脂红、苋菜红、柠檬黄、日落黄、靛蓝、亮蓝等。人工合成色素在使用中有严格的限量范围，如苋菜红在碳酸饮料中的最大使用量为 0.05 克／千克，柠檬黄在碳酸饮料中的最大使用量为 0.1 克／千克。不得超量使用，更不允许添加非食用的人工合成色素。

果汁中的添加剂

　　果汁是许多人喜爱的饮品，果汁听起来比碳酸饮料健康多了，但除了鲜榨果汁外，外面出售的包装类果汁都或多或少含有添加剂。

🌿 你知道这些果汁的不同吗？

　　果汁饮料种类繁多，商家对果汁名称的标注更使人眼花缭乱。但根据原果汁的成分不同，可作如下的分类：

类别	类别
100%纯果汁	用新鲜果品榨取的天然果汁，不加任何外加物质。如家庭自制果汁
全果汁饮料	用果品榨出的原果汁略加稀释或加糖及做了其他处理的果汁。有时也加色素、香精、防腐剂
浓缩果汁	由原果脱水汁浓缩而成，一般不加糖或用少量糖调整，浓缩倍数有4、5、6等。浓缩果汁除饮用外，多用于配制其他饮料
鲜果汁	由原果汁或浓缩果汁加水稀释，加糖及食品添加剂调配而成。原果汁含量在40%以上
糖浆果汁	由原果汁或浓缩果汁加水稀释，加糖及食品添加剂调配而成。原果汁含量不少于31%，含糖量在40%~65%。由于含糖量高，近于黏稠状，饮用时需稀释
饮料果汁	由原果汁或浓缩果汁加水稀释，加糖及食品添加剂调配而成。其中原果汁含量很少，通常只有6%
带肉果汁	指含有果肉且质地均匀一致的果汁，原果浆在40%以上，含糖量约13%，非可溶性固形物在20%以上，具有本品种果汁特有的风味
果粒果汁饮料	在原果汁中加入其他果品的细小的果肉，经调配并加入食品添加剂制成。原果汁含量不低于10%，果粒含量不低于5%
果汁粉	用原果汁或浓缩果汁脱水而成，含水量在1%~3%，需加水冲溶后饮用，如山楂晶、橘子粉等

🌿 果汁饮料中的添加剂

果汁饮料像碳酸饮料一样，生产中会使用甜味剂、酸味剂、香精、色素。为了维持产品状态，还会使用稳定剂、乳化剂、防腐剂、护色剂、澄清剂等。比较起来，果汁饮料使用的添加剂类型多于碳酸饮料。

（1）澄清型果汁

对于澄清型果汁，在生产中必须通过澄清、过滤，将全部悬浮物和易于沉淀的果胶颗粒滤出。若采用自然澄清则效果不佳，且耗时较长。为了加快澄清的速度，取得更好的澄清效果，多采用化学澄清。使用的化学澄清剂有酶制剂、明胶、硅溶胶等。在浓缩苹果汁生产中澄清果汁加入的材料为果胶酶、淀粉酶、明胶、硅溶胶和膨润土。果胶酶可使果胶降解成小分子物质，淀粉酶可使果汁中的淀粉最终水解成麦芽糖和葡萄糖，明胶、膨润土和硅溶胶可以有效地沉淀果汁中的悬浮物。膨润土是以蒙脱石为主的含水黏土，素有"万能"黏土之称，是果汁澄清中非常好的助滤剂。

（2）浑浊型果汁饮料

浑浊型果汁饮料由于含有细小果肉颗粒，很容易产生分层、沉淀现象。增稠稳定剂能提高果汁的黏稠度，保证微粒能均匀地悬浮。常用的增稠稳定剂有琼脂、羧甲纤维素钠、海藻酸丙二醇酯、海藻酸钠、卡拉胶等。生产中，经常采用两种或两种以上的增稠稳定剂混合使用，以达到更好的协同作用。当然，果汁饮料中不能没有防腐剂，苯甲酸、苯甲酸钠、山梨酸及其钠盐是经常使用的。当果汁的 pH 值为 2.0~3.5 时，苯甲酸起到的防腐作用量为 0.1%。由于苯甲酸允许使用量低于 0.1%，为此还需添加其他的防腐剂。

茶、咖啡中的添加剂

茶和咖啡都是提神醒脑的绝佳饮品，在犯困的午后，来一杯茶或者咖啡，真是快活似神仙，但你知道茶和咖啡中的添加剂吗？

🍵 茶饮料中有添加剂吗？

随着生活节奏的加快，人们更习惯于简洁、方便、快速的生活方式，传统的细品慢尝的饮茶方式在一定的场合下已有所不适应。有着几千年历史的饮茶方式也因此产生了革命，茶饮料应时而生，走向了市场。

茶饮料可不是当天生产当天喝的，它要有保质期，还要有多种的风味，当然要添加食品添加剂。茶饮料的添加剂不外乎甜味剂、酸味剂、香精、风味稳定剂等，但用起来也有一定的讲究。

❶ 甜味剂：茶饮料中常用的甜味剂有蔗糖、甜蜜素、A–K糖、阿斯巴甜等。当蔗糖、A–K糖、阿斯巴甜的配比为 3：1：1 时，甜味最好。

❷ 酸味剂：有柠檬酸、苹果酸及其他有机酸。苹果酸价格较高，生产中多用柠檬酸，柠檬酸和苹果酸的配比为 4：1 时，效果最好。若甜味剂和酸味剂合理配比，能使人饮后产生滋润爽口、欲罢不能的感觉。

❸ 香精：乌龙茶茶饮料、茉莉花茶茶饮料的茶香，主要来自乌龙茶香味料和茉莉花香精。

❹ 风味稳定剂：为了掩盖一些不好的气味，有时还要添加香味增强剂以改善香气。

真相在这里

为什么有很多食品添加剂
没有检测方法？

没有检测方法的食品添加剂主要是食用香料、酸度调节剂、乳化剂、增稠剂等。从原因上可以大致分为两类：一类是香料，本身它们的使用量极微，而且用多了还会破坏食品感官和口感，所以也不需要制定检测方法，这也是国内外通行的做法。

另一类是酸度调节剂、乳化剂、增稠剂等，它们的安全性高，无需限量管理，因此，也没有必要制定检测方法，而且大多数乳化剂、增稠剂等类别的食品添加剂进入复杂的食品基质后也无法制定检测方法。

🌿 茶饮料中存在的问题

茶饮料工艺制作程序基本是将茶叶用热水浸泡一定时间，经抽取、提炼、过滤、澄清等工艺制成的茶汤、提取液、浓缩液、速溶茶等，再加入水、糖液、酸味剂、食用香精等调制加工而成。这其中任何一道工序都可能损害或改变茶叶的天然成分。

经工业化生产的茶饮料，茶多酚、维生素 C 等茶叶主要营养成分的含量必然降低，保健作用也会弱化。另外，饮料中不可避免地加入香精等添加剂，也会发生某些生化反应。如茶多酚易与生物碱发生化学反应，从而影响茶饮料的色泽。因此，在生产过程中，不可避免地会处理掉一定量的茶多酚，因而改变了茶叶中的天然成分。

无论是红茶、绿茶、乌龙茶还是花茶，茶饮料里都应该含有一定量的茶多酚。但一些产品只是含糊地标注绿茶或红茶，没有明确标示具体成分。一些打着茶饮料名号的饮料根本不含茶叶的健康成分——茶多酚，而只是添加了茶味香料。

国家标准《茶饮料》（GB/T 21733-2008）中，对茶多酚含量作出了严格规定：要求茶饮料中茶多酚的含量应大于或等于 300 毫克 /千克，其中绿茶茶多酚含量应大于或等于 500 毫克 / 千克。茶多酚含量低于这个标准，则只能被归为茶味饮料类。

咖啡中的添加剂

咖啡树是属茜草科常绿小乔木，咖啡豆是指咖啡树果实内之果仁。饮用的咖啡是采摘成熟的咖啡豆，经烘焙、研磨而成。咖啡的种类很多，大致可分两大类：焙炒咖啡和速溶咖啡。

（1）焙炒咖啡

焙炒咖啡是用经焙炒、研磨的咖啡豆配合各种不同的烹煮器具制作出来的咖啡。如意大利式浓缩咖啡，用热水借由高压冲过研磨成很细的咖啡粉末冲煮出咖啡。

（2）速溶咖啡

速溶咖啡是在1901年发明的。1938年，雀巢公司第一次将速溶咖啡推向市场。相比于焙炒咖啡，速溶咖啡除了冲调方便外，还有保鲜期长、食用快捷等优势。

像其他咖啡产品一样，速溶咖啡也是由咖啡粉生产出来的。第一步工序需要浓缩咖啡，将咖啡中的水分提取出来，生产出可以溶解的咖啡粉或者咖啡颗粒。

速溶咖啡配料表一般由植脂末（或称为咖啡伴侣）、糖和咖啡粉组成，其中含量最多的成分是植脂末，其次是白砂糖或咖啡粉。植脂末的成分比较复杂，主要有葡萄糖浆、氢化植物油和各种食品添加剂，如乳化剂、水分保持剂等。

（3）值得注意的安全问题主要有两个

▶ **食品添加剂**：即使一些知名品牌的产品都能按照有关标准合理使用各种食品添加剂，复杂多样的食品添加剂仍然是一种食品安全隐患。

▶ **氢化植物油**：氢化植物油中含有反式脂肪酸，而过多的反式脂肪酸对心脑血管系统具有明确的危害。有研究报道，速溶咖啡含有大量蛋白质，在经过必需的高温烧烤程序时，其氨基酸会和糖发生反应，产生丙烯酰胺，而丙烯酰胺具有致癌危险。

酸奶和酸奶饮料中的添加剂

酸奶开胃助消化，是许多人都喜爱的饮品。酸奶和酸奶饮料有什么区别呢？它们是否都含有添加剂呢？

🌿 酸奶和酸奶饮料的区别

酸奶是由优质的牛奶经过乳酸菌发酵而成的，本质上属于牛奶的范畴，保存了鲜奶中所有的营养素，含有丰富的蛋白质、脂肪、矿物质。从原料和添加物来分，酸奶主要分为纯酸奶、调味酸奶和果料酸奶 3 种。

① **纯酸奶**：只用牛奶或复原奶作为原料发酵而成的是纯酸奶，纯酸奶蛋白质含量大于或等于 2.9%。纯酸奶属于纯牛奶范畴。

② **调味酸奶或果料酸奶**：在牛奶或复原奶中加入食糖、调味剂或天然果料等辅料发酵而成的是调味酸奶或果料酸奶，蛋白质含量大于或等于 2.3%。

酸奶饮料，也就是乳酸饮料只是饮料的一种，而不再是牛奶，营养成分含量仅有酸奶的 1/3 左右，分为配制型与发酵型两种。

① **配制型**：以鲜奶或奶粉为原料，加入水、糖液、酸味剂等调制而成。

② **发酵型**：以鲜奶或奶粉为原料，在经乳酸菌培养发酵制得的乳液中加入水、糖液等制成。

酸奶饮料的营养价值不能与纯牛奶相提并论，发酵型酸奶饮料和酸奶根本不是一回事。酸奶饮料中牛奶的含量仅有 30%，相当于 1 份酸奶加了 2 份水。酸奶饮料中的营养含量仅有酸奶的 1/3 左右，并且很少含有活体乳酸菌。因此，有人将酸奶饮料形象地比作"稀释了的酸奶"。

🌿 乳酸饮料中的添加剂

乳酸饮料中有哪些添加剂？看一张乳酸菌饮料配方就可以有一个大概的了解，添加成分一般包括发酵脱脂乳、蔗糖、果汁、稳定剂、柠檬酸、抗坏血酸、香精、色素、水。其中发酵脱脂乳占的比例较少，

蔗糖、果汁、水占有较大的比例，剩余的就是其他添加剂。在生产中，蔗糖、果汁可以用甜味剂和香精替代；乳酸、柠檬酸这两种酸味剂常以 1：5 的比例配合添加于乳酸饮料中；山梨酸钾这种防腐剂也是乳酸饮料通常使用的。

有些乳酸饮料使用一种由食用明胶经酶制剂作用生成的蛋白部分替代牛奶原料，还有的采用植物蛋白水解液替代多达 15% 的牛奶原料，而在配料表中对这些替代品大多只字不提。更有甚者，在冒"酸奶"之名的酸奶饮料中，也有不少是由根本未经乳酸菌发酵、完全是通过加酸调制出的乳酸饮料。

酸奶中有添加剂吗？

一般家庭自制酸奶，其原料为牛奶、发酵菌种（市场上买回来的酸奶）和白砂糖。具体做法是：将 500 毫升牛奶放入锅中，加 25 克白砂糖，用火煮沸后冷却。当热牛奶温度降至 40℃时，加入 25 克市场上买回来的酸奶，搅拌均匀，容器加盖，置于 20~30℃的地方静置发酵 3~5 天，即可得到奶汁凝固的酸奶。整个制作过程除白砂糖外，未添加有任何添加剂。

作为生产厂家，生产酸奶的原料有：全脂奶粉、脱脂奶粉、乳酸菌种、蔗糖、玉米糖浆、水、海藻胶丙二醇酯（PGA）、卡拉胶、瓜尔豆胶、甘油酯、海藻酸钠等。如果是果料酸奶或调味酸奶，还要加入果料或调味剂，也有可能加入甜味剂或色素。

酒里的添加剂

　　酒是世界性的饮料，是发酵饮品中的大类产品。酒的种类多样，有白酒、啤酒、红酒、洋酒、果酒等。但是酒中也会含有添加剂。

🌿 白酒中的添加剂

　　传统的白酒生产工艺采用固态发酵法，就是用淀粉质（糖质）为原料，以曲类、酒母为糖化发酵剂，经蒸煮、糖化、发酵、蒸馏、陈酿和勾兑酿制而成的各类白酒。这种勾兑只是对不同次蒸馏出来的酒进行勾兑，不掺有任何其他的成分。一般称这种白酒为纯酿造白酒。

（1）新工艺白酒

　　随着生产技术的发展，出现了液态法白酒。液态法白酒是产量最大的白酒，生产方法与酒精类似，但在调香、后处理等方面则有所不同。将液态法与固态法相结合，创造了一套生产白酒的新工艺，即利用液态发酵法生产质量较好的酒精作为酒基，再在固态发酵法制成的香醅中加入香精，然后进行串蒸或浸蒸，制得新工艺白酒。这种新工艺白酒是含有香精添加剂的白酒。

（2）白酒的分型

白酒按风味特点可分成清香型、浓香型、酱香型和米香型。

勾兑的白酒以食用酒精为酒基，用不同的食用香精调配出不同的香型。常用的香精有清香型香精、浓香型香精、酱香型香精等。

配制白酒所用的香精成分比较复杂，一般用的原料有酯类、酸类、醇类、醛类及麦芽酚、乙基麦芽酚、4-乙基愈创木酚等。如配制酱香型白酒用的酱香型香精，包括有甲酸乙酯、乙酸乙酯、醋酸、丁酸、异丁醇、乙醛、甘油等30余种物质。如果我们饮用的是勾兑的白酒，95%是食用酒精，而那种清香纯正、醇甜柔和、芳香浓郁、绵柔甘冽、回味余长的口感，则全是来自不同的白酒香精，即多种的化学原料。

🌿 果露酒中的香精

市场上果露酒品种繁多，如野生山葡萄酒、野生猕猴桃酒、荔枝酒、桂花酒、玫瑰酒、杏仁甜酒、苹果甜酒、杨梅甜酒、香蕉甜酒、胡桃酒等。果露酒是用精馏酒精添加香精、色素、甜味剂、酸味剂调配而成的。放进去什么香料，它就突出或显露出什么香味来。如放进橘子香精，就可调配出橘子露酒；放进柠檬香精，就可调配出柠檬露酒。配制饮料酒多数使用白砂糖、蜜糖，也有用自制的饴糖。其中蜂糖最好，白糖较差。从经济角度出发，甜味剂的成本最低，但不如蜜糖风味纯净而醇厚。

调配的果露酒为了达到色彩的要求，要加入色素进行调色。加入的色素和果酒名称中的果品相配，如橘子露酒添加黄色色素，杨梅甜酒添加粉红色色素。多种的化学合成色素，可以调配出任意的色彩。果露酒中的糖酸比很重要，适口的糖酸配比可以增添果露酒的风味。生产中一般以柠檬酸或酒石酸作为酸味调节剂，这不仅能使配制的酒风味爽口，还有防腐作用。

chapter

5

损害健康的魔爪：
非法添加物+过量添加剂

食品的安全问题大部分都不是食品添加剂引起的，人们之所以谈"添加剂"色变，是因为在食品加工业中一些不法商家使用了非法添加物，它们会给健康带来很大的危害。另外，有些好吃的食物，因其含有多种食品添加剂或没营养的物质，我们也应尽量少吃。

01

非法添加物
危害健康不可用

大家还记得三聚氰胺、苏丹红、吊白块这些东西吗？它们对健康的危害显而易见，这些都是非法添加物，禁止加到食物里的。以下让我们来揭开非法添加物的真面目。

非法添加物不等于食品添加剂

目前，影响食品安全最大的隐患是非法加工，特别是加入非法添加物。

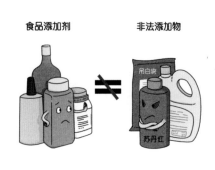

就说当年臭名昭著的"三鹿奶粉事件"，它里面所含的蛋白精"三聚氰胺"，其实并非食品添加剂，而是一种三嗪类含氮杂环有机化合物；红心鸭蛋中为蛋黄染色的"苏丹红"，其实也是一种分子中含萘的工业用偶氮染料；还有漂白米线用的"吊白块"，是一种叫作甲醛合次硫酸氢钠的工业原料。其他的，像工业硫黄、荧光增白剂等，这些东西都属于非法添加物。

在国家公布的"食品中可能违法添加的非食用物质和易滥用的食品添加剂名单"中可以看到一大堆密密麻麻的非法添加物，所以大家以后可千万别再把它们所犯下的罪行，毫无根据地推到食品添加剂的头上。

面粉中的吊白块

在面粉生产中，为了使面粉色泽比精白面粉还要白，降低成本，一些不法分子在生产面粉时添加"吊白块"。

🌿 吊白块的作用

吊白块又名"雕白块"，是一种化学物质的俗名，其化学名称是甲醛合次硫酸氢钠，呈白色块状或结晶性粉状，溶于水，常温时较为稳定，因在高温下有极强的还原性，故具有漂白作用。

🌿 吊白块对人体的危害

吊白块遇酸即分解，其水溶液在60℃以上就开始分解为有害物质，120℃以下分解为甲醛、二氧化碳和硫化氢等有毒气体。这些有毒气体可使人头痛、乏力、食欲差，严重时甚至可致鼻咽癌等。吊白块主要在印染工业中使用。

据研究表明：口服甲醛溶液10~20毫升，可致人死亡。甲醛急性中毒表现为喷嚏、咳嗽、视物模糊、头晕、上腹痛、呕吐等症状，随病情加重，出现声音嘶哑、胸痛、呼吸困难、咽喉与肺脑等部位水肿、肠胃穿孔出血、昏迷及休克等症状。国际癌症研究组织也指出，长期接触甲醛者鼻腔或鼻咽部发生肿瘤、癌变的机会明显增加。尽管"吊白块"有增白作用，但由于其危害人体健康，我国禁止在食品中添加。

蘑菇中的荧光增白剂

很多人喜欢食用蘑菇，但也害怕食用蘑菇。喜欢是因为蘑菇味道鲜美，并含有多种矿物质、维生素、蛋白质等丰富的营养成分，而且热量很低，常吃也不会发胖。害怕的原因是一些从农贸市场、超市买回的形状饱满、色泽鲜艳的蘑菇，在紫外光照射下会发出幽幽的蓝光。蘑菇能发出荧光，十分令消费者费解。

蘑菇发光的真相

经业内有关人士揭秘，方才真相大白。蘑菇等食用菌比较脆弱，采摘一两天后很快变成褐色。为了有个好卖相卖出好价钱，利欲熏心的商贩将双孢蘑菇、猴头菇、白灵菇和鸡腿菇等浸泡在荧光增白剂里或者直接喷洒荧光增白剂，也有的商贩用浸有荧光增白剂的纸张做蘑菇的包装纸，以保持蘑菇白嫩的外表，延长其"保鲜期"。

什么是荧光增白剂？

荧光增白剂是一种在紫外光照射下能发出荧光的有机化合物。荧光增白剂的种类很多，大都是淡黄色、微黄白色粉末，也有个别是白色粉末，它能提高物质的白度和光泽。荧光剂又称荧光染料，工业上将它列为印染助剂类，包括二苯乙烯类、香豆素类等品种。

荧光增白剂的危害

荧光增白剂被人体吸收后，不像一般化学成分那样被分解，而是在人体内蓄积，大大削弱人体免疫力。荧光增白剂一旦与人体中的蛋白质结合，想把它除去就非常难，除非通过肝脏的酶素分解，这无疑就加重了肝脏的负担。荧光类物质还可导致细胞畸变，若接触过量，毒性累积在肝脏或其他重要器官，就会成为潜在的致癌因素。

水产品中的孔雀石绿

孔雀石绿是一种带有金属光泽的绿色结晶体，又名碱性绿、孔雀绿，既是杀真菌剂，又是染料。易溶于水，溶液呈蓝绿色；也溶于甲醇、乙醇和戊醇。

🌿 孔雀石绿——延长存放时间

长期以来，渔民都用它来预防鱼的水霉病、鳃霉病、小瓜虫病等。鱼在运输中经过多次装卸和碰撞，容易使鱼鳞脱落，掉鳞的鱼易引起鱼体霉烂，很快死亡。为延长鱼的生存时间，一些商贩运输前都用孔雀石绿溶液对车厢消毒，不少储放活鱼的鱼池也采用这种

消毒方式。一些酒店为延长鱼的存活时间，也投放孔雀石绿，而且使用孔雀石绿消毒后的鱼即使死亡后颜色也较鲜亮，消费者很难从外表看出是死鱼。

🌿 孔雀石绿的危害及国家法规

孔雀石绿具有高毒素、高残留和致癌、致畸、致突变等副作用。许多国家都将其列为水产养殖禁用药物，我国也早在 2002 年将其列入禁用药物清单，严禁使用。实际上一些不法的养殖者在放养鱼苗时，先将鱼苗在孔雀石绿溶液中浸泡十几分钟，然后再把鱼苗投进鱼塘。如果发现鱼在成长期再得病，还会把适当量的孔雀石绿直接投放到鱼塘内。一些养殖者讲："放其他药不但成本高，效果也不明显，在我们那里只要是养鱼的就少不了要用孔雀石绿。国家虽然不让用，但人们都在偷着用。"

假酒危害大

市场上出售的白酒大量是勾兑白酒，和纯粮酿造不同。勾兑白酒主要以甘蔗和甜菜渣、薯干、玉米等制造出酒精，然后将酒精和酒糟混蒸，吸入发酵白酒的香气和滋味，再加入增香调味物质，模拟传统粮食酿造白酒的口感。一些消费者不知道自己喝的白酒大多是用食用酒精加其他化学品勾兑而成的新白酒。

纯粮酿造白酒→生产周期长、产量低、成本高

勾兑白酒→工艺简单、成本低

🌿 酿造酒 VS 勾兑酒

一吨优质的酒精不过 5000~6000 元，如果稀释成 40° 左右的白酒，一吨酒精就成为 2 吨白酒，等于 4000 瓶，每瓶成本不过 1.5 元，加上勾兑费用、灌装费用也不过 1.8 元左右，另外加包装费也不过 7~8 元，但出厂价一般却在 25 元以上；而酿造酒加上包装费一般成本在 25 元左右。一些白酒企业将勾兑酒通过豪华包装、夸大宣传，假冒纯粮固态发酵白酒的名义，高价推向市场，牟取暴利。

🌿 勾兑酒的危害

用酒精勾兑的酒喝完了头很疼。如果使用工业酒精勾兑白酒，饮用后会有生命危险。

肉制品中的人工合成色素

市场上的肉干肉脯食品存在细菌总数严重超标、大肠菌群超标、山梨酸及苯甲酸含量不符合标准规定、违规添加人工合成色素等四种质量问题，部分小型企业特别是小作坊式企业产品质量更低劣。

按国家标准规定，肉制品中不得使用人工合成色素，但抽查中仍然时常发现牛肉干等食品中违规使用了日落黄、柠檬黄、胭脂红等人工合成色素。部分厂家为了让产品肉质看起来更鲜艳、卖相更好，不顾消费者的健康，违规添加人工合成色素，这些色素一般从煤焦油中提取，或者以芳烃类化合物合成。更有甚者，有的厂家为让牛肉干等食品的口感更好，而过量添加亚硝酸钠。

腐竹中的保险粉

腐竹是消费者很喜爱的一种传统食品，具有浓郁的豆香味，含有丰富的蛋白质及多种营养成分。腐竹生产技术并不复杂，大豆经磨浆烧煮后，从锅中挑皮、拷直，卷成杆状，经过烘干即成。食用时用清水浸泡 3~5 小时即可泡发开，可荤、素、烧、炒、凉拌，食之别有风味。

腐竹这种既好吃又有营养的食品，理应受到消费者欢迎，但生活中却使消费者望而却步，不敢问津。原因在于一些不法生产者用劣质黄豆生产腐竹，为达到腐竹应有的浅麦黄色，生产中还添加工业用的保险粉、吊白块等有毒有害物质。

保险粉的化学名称为低亚硫酸钠，又称连二亚硫酸钠、次硫酸钠，是一种强还原剂，有很强的漂白作用。在纺织行业低亚硫酸钠用作还原染色的还原剂及染缸的清洗剂等。医学实验证明，人体服用 4 克低亚硫酸钠，即呈现中毒症状。

水发水产品中的甲醛

　　水发水产品包括有：干制品水发的水产品，如水发海参、水发鱿鱼、水发墨鱼、水发干贝、水发鱼翅等；水浸泡的解冻水产品，如解冻虾仁、解冻银鱼等；浸泡销售的鲜水产品等。水发水产品在水产品中占有相当的比例，是消费者经常食用的水产品。

🌿 甲醛在发制水产品过程中的作用

　　个别经营者为降低成本，在发制水产品过程中违规使用甲醛。一些不法商贩为了使水发水产品不腐烂变质，又能保持好的感观，用火碱水溶液浸泡海参、鱿鱼等水产品时，加一些甲醛液，以保持水产品蛋白质不变形，并延长水发水产品的保鲜期。甲醛 30%~40% 的水溶液在科教、医疗单位用于浸泡动物标本。

🌿 甲醛的危害

　　甲醛是一种有毒物质，对人体内脏黏膜损害较大，特别是对呼吸系统具有强烈刺激性，成人内服甲醛溶液 10~20 毫升就会急性中毒致死。食用掺有甲醛的水浸泡的水产品，所含甲醛的浓度虽不高，一般不会出现急性中毒，但是长期食用这些水产品，会对人体造成较大的潜在危害，产生慢性中毒，造成肝、肾损害，严重威胁消费者的身体健康。

　　甲醛是国家明令禁止添加到食品中的非食品添加剂，但在水发水产品中检测到甲醛超标时有发生。据国家工商行政管理总局对全国水产品的一次抽检结果表明，抽查的 21 种水发水产品甲醛检出率高达 38.1%，最高含量为 890 毫克／千克。

真相在这里

"不含防腐剂"的食品更安全?

　　一般消费者认为"不含防腐剂""零添加"的食品更安全,商家也瞄准了这一点,使用这样的描述来迎合消费者的心理,同时还能卖个好价钱。

　　实际上,防腐剂主要是用来防止食品腐败变质的,否则有些食品还未出厂就坏掉了,甚至还可能产生毒素。从这一角度讲,防腐剂使超市的货架更丰富,也使我们所食用的食品更安全。而且凡是国标允许使用的防腐剂都经过安全性评价,规范使用不会给消费者的健康带来损害。

火锅中的添加物

　　火锅是许多人喜爱的一种食物，特别是在寒冷的冬天，和家人或朋友围坐在桌子旁吃火锅，是一件特别开心的事。说起火锅，就不得不说火锅底料，火锅底料的好坏直接关系火锅的口味。一锅好的底料让人回味无穷，如果没有好的底料，即使锅中有很多肉，吃起来也同样没有味道。因此，一些不法商贩在火锅底料上做起了文章，为了让火锅的颜色更好看、味道更足，还在火锅中添加一些对人体有害的添加物。

火锅？化学锅！

　　有的火锅完全依靠添加剂，所以有人将这种火锅称为"化学锅"，即用飘香剂、辣椒精、火锅红等添加剂勾兑的火锅。使用飘香剂、辣椒精、火锅红等添加剂后会让火锅闻起来更香，颜色看起来更红。所以，很多火锅看起来很红，像是放了很多辣椒，可是吃起来并不是很辣，也没有辣椒的香味。

火锅的汤你得谨慎喝

　　吃火锅很重要的一个因素是可以喝汤，那些看似清澈的汤却散发出诱人的香味，是因为其中添加了飘香剂或者增味剂，其主要目的就是为了增加汤料的味道和口感。但增味剂和飘香剂都是化学物质，在汤料中煮的时间越长，对人体有害的残留物质就越多，但人们往往却在最后才会喝汤。

🍂 火锅锅底的秘密

　　制作火锅时一个不可缺少的部分是锅底。牛油本来是火锅底料的主要成分，但有的火锅店为了节约成本，用廉价的石蜡来代替牛油，有的商家还会用大量苯甲酸钠作为防腐剂。所以，想吃火锅的时候，最好还是在家里自己做，如果非要在外面吃火锅，应选择安全卫生、有信誉的商家。

奶粉中的三聚氰胺

　　随着三鹿奶业集团的倒闭，三鹿奶粉事件画上了一个句号。但三聚氰胺这一化学物质却深深地印在了大家的脑海中。三聚氰胺是一种三嗪类含氮杂环有机化合物，是重要的氮杂环有机化工原料。简称三胺，俗称蜜胺、蛋白精。

🍂 三聚氰胺的危害

　　三聚氰胺进入人体后发生水解，生成三聚氰酸，三聚氰酸和三聚氰胺形成大的网状结构容易造成结石。研究发现，在食品中只有同时含有三聚氰胺和三聚氰酸这两种化学成分时才对婴儿健康构成威胁。虽然三聚氰胺和三聚氰酸共同作用才会导致肾结石，但是三聚氰胺在胃的强酸性环境中会有部分水解成为三聚氰酸，因此，只要含有了三聚氰胺就相当于含有了三聚氰酸，其危害的本身仍源于三聚氰胺。

奶粉中为什么要加三聚氰胺？

奶粉中含有三聚氰胺，可能是在奶粉中直接加入的，也可能是在原料奶中加入的。奶粉中为什么要加三聚氰胺？这还要从奶粉蛋白质测试说起。奶粉要按规定检测蛋白质含量，要是蛋白质含量不够多，说明牛奶兑水兑得太多或奶粉中有太多别的物质。奶粉中添加三聚氰胺，主要是因为它能冒充蛋白质。

常用的蛋白质测试方法"凯氏定氮法"是通过测出含氮量乘以6.25 来估算蛋白质含量。蛋白质平均含氮量为 16% 左右，而三聚氰胺的含氮量为 66% 左右。因此，添加三聚氰胺会使得食品的蛋白质测试含量虚高，从而使劣质奶粉在检验机构只做粗蛋白质简易测试时蒙混过关。

豆腐中严禁添加苯甲酸钠

豆腐是非常富有营养的一种大众食品，深受世人喜爱。但由于豆腐富含蛋白质，很容易造成微生物污染。常食用豆腐的人都知道，在夏季，早晨买来的豆腐，如果不放在冷凉的地方，到下午就会变馊了。

一些小的手工豆腐作坊，由于空间狭小、设备简陋、卫生条件差，生产出的豆腐安全性令人担忧。不法的生产者为了延长豆腐的存放期，在豆腐中使用苯甲酸钠防腐剂。国家标准明确规定，豆制品中不允许添加苯甲酸类防腐剂，但这类情况仍时有发生。

为了健康，购买豆腐时，应选择正规厂家、带有包装的豆腐，尽量不要买露天摆放、散装的豆腐。

粽子中的硼砂

粽子是中国历史上迄今为止文化积淀最深厚的传统食品。传说是为祭祀投江的屈原而制作的。吃粽子的风俗，千百年来在中国盛行不衰。每年端午节前，小枣、豆沙、鲜肉、火腿、蛋黄等多种馅料的粽子堆积上市。

🌿 硼砂的作用

市场上的粽子品质参差不齐，大型生产厂家生产的品牌粽子品质优良，安全卫生可靠。而一些小商贩会在粽子生产中加入硼砂，生产的粽子存在安全隐患。

硼砂（四硼酸钠）是一种白色或无色的结晶性粉末，多用在陶瓷、玻璃等产品的制造中。粽子中加入硼砂能起到防腐的作用，可以增加粽子的弹性，使粽子吃起来更有嚼头。

🌿 硼砂对人体的伤害

硼砂进入人体经胃酸作用变成硼酸，连续摄取会在体内积蓄，妨害消化道酶的作用，引起食欲减退、消化不良等，其急性中毒症状为呕吐、腹泻、红斑、循环系统障碍、休克、昏迷等所谓硼酸症。

因此，国家从 1992 年开始就明令禁止其在食品中使用。掺入硼砂的粽子从外观上很难分辨，最好的办法是到大的食品店或大超市购买有品牌标志的粽子，而一些小摊位或马路市场的粽子质量是否安全，则全凭卖主的一张嘴。

食用工业盐有性命危险

工业盐的主要成分是亚硝酸盐，工业上用于制碱、锅炉软化水、染料、肥皂及洗衣粉等领域。工业盐与食用盐的外观非常相似，误食工业盐后会发生慢性中毒。一般而言，人只要摄入 0.2~0.5 克的亚硝酸盐，就会引起中毒。

🌿 中毒症状

中毒的症状表现为口唇、舌尖、指尖青紫；重者眼结膜、面部及全身皮肤青紫，头晕，头痛，乏力，心跳加速，嗜睡或烦躁，呼吸困难，恶心，呕吐，腹痛，腹泻；严重者昏迷、惊厥、大小便失禁。摄入 3 克亚硝酸盐就会引起重度中毒，如不及时抢救，会导致呼吸衰竭而死亡。

🌿 严禁出售工业盐

近年来，误将亚硝酸盐或含有亚硝酸盐的工业盐作为食用盐使用，导致中毒甚至发生死亡的事件屡有发生。根据我国《盐业管理条例》和《食盐专营办法》的规定，严禁将工业盐作为食盐进行销售。

食用工业盐有性命危险，不要买！

02

适可而止，
避免摄入过量添加剂

生活中，有些看起来很好看、吃起来很香甜的食物或许含有过多的食品添加剂，多吃会危害身体健康。因此，在面对美味时得适可而止，避免过量摄入。

爆米花中暗藏"杀"机

爆裂玉米是一种特殊的玉米品种，它起源于美洲墨西哥的中部地区。早在史前时期（距今七八万年前），那里的印第安人就已栽培、食用并利用它了。经育种专家培育，产生了很多优良的爆裂玉米品种，如美国的黄玫瑰。

爆裂玉米和其他玉米的区别

爆裂玉米的特点是具有极好的爆裂性，其籽粒的爆花率在80%~98%，膨胀倍数可达 9~30 倍。在常压下，用锅炒就能爆花。普通硬粒型玉米则须装在密闭容器内，加热产生高压后才能爆裂；马齿、半马齿形玉米的爆裂性又差些；甜玉米、糯玉米受热后只膨胀不能爆裂。

早期的爆米花

早期的爆米花是将普通硬粒型玉米倒入一个中间粗、两头略细的厚铁罐中，加一点油，放入糖精，盖上铁罐盖，用螺旋拧紧，把铁罐横放支架上，支架下有点燃的煤火炉。嘣爆米花的人一手转动密封的铁罐，另一只手拉动风箱，好让炉火更旺起来。待铁罐热到一定的程度时，将一个皮口袋对准罐口，打开铁罐盖。只听"嘣"的一声巨响，爆米花就迸出来，通通喷进了皮口袋子里。

🌿 老式转桶爆米花含铅超标

在一些城市里，还能见到这种嘣爆米花的。用这种老式转桶生产出的爆米花，含铅量是超标的，不符合食品安全标准。现在，城市中经常可以看到使用爆裂玉米在常压下用锅炒嘣爆米花。这种嘣爆米花不再是烟熏火燎，添加的也不仅仅是油和糖精，而是配制好的添加剂。常用的添加剂有食用油、亲脂表面活性剂、食盐和水配成的乳状液，甜味多采用糖精和甜味剂，油脂则使用人造黄油，至于奶味，用的是奶油香精。

🌿 到正规商店购买爆米花

正规商店里出售的爆裂玉米色泽白净，口感清香松脆，甘美而不甜腻，食后不留废弃物。为了提高附加值，在加工时可按不同消费者口味嗜好添加糖、黄油、咖啡、盐、卵磷脂和蜂蜜等添加剂。而路旁小贩制作的爆米花卫生安全没有保证，最好不要食用。

蛋黄派中含有多少蛋黄？

蛋黄派，顾名思义，其中一定需要含有一定比例的鸡蛋。但现在很多这类食品中很模糊地标出其配料中含有鸡蛋，而真正的含量却不得而知。

蛋黄派中鸡蛋含量少

蛋黄派属于蛋糕产品，而按照糕点行业的要求，这样的产品应该主要以鸡蛋、糖、面粉为主要原料。口感比较好的优质蛋糕中，鸡蛋所占比例达到 30%~50%，有的甚至更高。但是鸡蛋含量高的产品也有一个缺点，就是保质期相对较短。蛋黄派作为一种休闲食品，为了携带方便、有较长的保质期，其中的鸡蛋含量相对要少得多。

蛋黄派中的营养

蛋黄派中的营养有多少我们可以来算一下，就拿一个重量为 23 克的蛋黄派来说，其中有 1.2 克为蛋白质，那么蛋白质的含量为 5.2%，也就是一种合格产品。但一颗鸡蛋中蛋白质的含量为 15% 以上，这样算起来，蛋黄派中的蛋白质含量比鸡蛋还差很多。

根据我们每天对营养的需求来看，男性每天需要的蛋白质为 75 克，女性为 65 克，这样算起来，一天要吃数十个蛋黄派才能补充需要的营养，而这显然是不可能的。

蛋黄派中的添加剂

另外，我们知道，反式脂肪酸会损害我们的健康，而蛋黄派能有良好的口感主要是靠"起酥油"，起酥油的主要成分是"部分氢化植物油"，而氢化植物油的主要成分是反式脂肪酸。所以，不管是将蛋黄派作为早餐还是作为休闲食品来吃，都是不健康的选择。蛋黄派中还含有香精、色素，它们都不利于儿童的生长发育，所以家长不能让孩子多吃。

冰激凌不能多吃

今天 60 岁以上的老人，在孩童时吃过冰激凌的为数不多，少数吃过冰激凌的，多半是出身富贵人家。随着人们生活水平的提高，旧时昂贵的冰激凌已走入寻常百姓家。而当年只在夏季食用的冷饮，现已变成四季畅销的食品。

冰激凌的种类

冰激凌因加工工艺上的略有不同，其成品有 4 种形式：冰棒、小冰砖、脆皮雪糕和纸杯冰激凌。这 4 种形式的产品都可以在市场上买到。

雪糕与雪泥

同冰激凌类似的还有雪糕和雪泥。雪糕的原料配制和操作技术与冰激凌基本相同，只是普通雪糕不需经过凝冻工序而直接浇模、冻结而成。

雪泥又称冰霜，是以饮用水、食糖等为主要原料，添加增稠剂、香料、色素等制成的一种松软的冷冻食品。与冰激凌的不同之处在于含油脂量极少，甚至不含油脂，含糖量较高，吃起来口感比冰激凌粗糙。

冰激凌不宜多吃

冰激凌的主要原料有奶、鸡蛋、糖等，其营养价值较高。但冰激凌如同其他的冷饮一样，生产加工中都离不开食品添加剂。

常用的添加剂有脂肪、非乳脂固体、甜味剂、稳定剂、乳化剂、香味剂、着色剂等。因此，冰激凌虽然好吃，但不宜多吃。

果冻营养少，添加剂多

果冻因其口感爽滑、色彩缤纷，掳获了很多人的心，尤其是小孩子。果冻虽美味，但却不能多吃。

制作果冻的配料主要有水、白砂糖、增稠剂、酸度调节剂、香料、甜蜜素、色素等。

❶ **增稠剂**：果冻之所以能从液态变成固态，就是增稠剂的功劳。增稠剂是高分子物质，吸收水分后，它就能使液体的黏度和密度增加。

❷ **酸度调节剂**：主要是为了维持和改变食物的酸碱度。它在食品中出现主要是为了调节食品加工所需要的酸化剂、碱化剂以及具有缓冲作用的盐类。酸度调节剂能提高食品质量，改善食物的风味，还能防止食物氧化。

❸ **香料**：在果冻中添加香料主要是为了丰富果冻的口感。因为果冻中添加的果肉成分有限，如果不使用香料，那么果冻的味道就不会那么明显。香料的使用让果冻可以呈现出多种口味，让大家吃到各种水果的味道。果冻中的味道并不全是水果的果肉散发出来的。

❹ **甜蜜素**：有的人会感到很疑惑，配料中不是有白砂糖了吗，为什么还要加甜蜜素呢？其实，这也是为了让果冻中的甜味更接近水果的甜味。甜味剂的甜度很高，而蔗糖的甜味和水果的甜味有所差别，所以就需要甜味剂和白砂糖混合使用，以达到理想的甜味效果。

❺ **色素**：制作果冻还有一种不能少的添加剂当然就是色素了，色素的使用会让果冻呈现出不同的颜色。

果冻主要是用海藻酸钠、琼脂、明胶、卡拉胶等增稠剂加入少量人工合成的香精、着色剂、甜味剂等再加上一小块果肉配制而成，也就是说，其中有营养的成分其实很少。

果冻的添加剂含量比较多，过多地食用有可能影响孩子的正常发育和成长。所以，平时吃一两个解解馋就好了，不要贪多。

chapter

6

专家连线，有问必答

人们对食品添加剂知识的相对不足，是导致大家对食品添加剂恐慌、排斥的主要原因。本章将大家最关心的食品添加剂问题逐一呈现，并请专业营养师对这些问题进行专业解答和点评，希望帮助大家走出迷思。

01 食品添加剂的应用问题

食品添加剂在应用过程中存在哪些大家最关心的问题，下面向你逐一介绍：

食品添加剂有营养价值吗？

多数食品添加剂有营养价值，但营养价值很低。食品添加剂是为改善食品品质和色、香、味以及为防腐、保鲜和加工工艺的需要而加入食品中的很少量的人工合成的或者天然的物质。

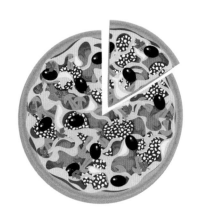

与食品相比较，食品添加剂的量是很少的，所以大多数食品添加剂的营养价值也是很低的，但部分食品添加剂具有保持或提高食品营养价值的作用，如食品添加剂中的营养强化剂。

在食品加工时适当地添加牛磺酸、各种维生素、氨基酸和矿物质元素等营养强化剂，就能保证人们在各生长发育阶段、特殊人群及各种劳动条件下获得合理的均衡的营养，以满足人体生理、生活和劳动的正常需要，可见营养强化剂有较好的营养价值。还有些食品添加剂，功能上不起营养强化作用，如一些氨基酸类增味剂、糖类甜味剂、油脂类乳化剂、多糖类增稠剂等，但它们本身就是营养成分。当然也有些食品添加剂是没有营养价值的。因此，具体情况要具体分析。

为什么现在生产的老酸奶要加食品添加剂？

近来，国内多家媒体先后以《"老酸奶"实为明胶"奶冻"》《老酸奶是炒作概念》等为题，质疑老酸奶内添加了"明胶"等食品增稠剂，而蛋白质含量并不比普通酸奶高等问题。实际上，酸奶的浓稠度和营养并没有直接关系。

酸奶产品按加工工艺的不同，可分为凝固型和搅拌型，老酸奶属于凝固型酸奶，是将鲜奶半成品先灌装密封后再发酵，由于制作工艺比较传统，因而被称为"老酸奶"。为了保证良好的口感，老酸奶通常选用优质的鲜奶发酵加工而成，而且所用的发酵时间是普通酸奶的 8 倍左右。而市面上出售的搅拌型酸奶，是将牛奶先发酵、搅拌后灌装。由于产品经过搅拌，成为粥糊状，呈现比较稀薄的半流动状态，因此，又称为软酸奶或液体酸奶。

"老酸奶"的传统凝固型生产方法不易采用机械化、自动化生产，为了满足消费者的需要，实现大规模的食品工业化生产，就必须将老酸奶生产改为搅拌型酸奶工艺，要让搅拌型的酸奶具有凝固型酸奶的品质，就要使用食品增稠剂如明胶、琼脂、卡拉胶、果胶等，不仅促进产品的凝固，而且使老酸奶更加稳定，延长了货架期。因此消费者可以放心食用。

绿色食品和有机食品是否都不使用食品添加剂?

绿色食品是在生态环境符合国家规定标准的产地,生产过程中不使用任何有害化学合成物质,或在生产过程中限定使用允许的化学合成物质,按特定的生产操作规定生产、加工,产品质量及包装经检验符合特定标准的产品。

绿色食品分A级和AA级两类。A级为初级标准,在生产过程中允许限时、限量、限品种使用安全性较高的化肥、农药。AA级是高级绿色食品,是利用传统农业技术和现代生物技术相结合而生产出的农产品,生产中以及之后的加工过程中不使用农药、化肥以及生长激素等。

有机食品是指根据有机农业和一定的生产加工标准而生产加工出来的产品。

根据《绿色食品 食品添加剂使用准则》,在绿色食品生产、加工过程中,A级、AA级的产品视产品本身或生产中的需要,均可使用食品添加剂。按照农业部发布的行业标准,AA级绿色食品等同于有机食品,有机食品添加剂使用要求等同AA级绿色食品。

在AA级绿色食品中只允许使用天然食品添加剂(GB 2760-2011中的天然食品添加剂,如天然色素胡萝卜素,天然胶体黄原胶,天然抗氧化剂茶多酚等),不允许使用人工化学合成的食品添加剂;在A级绿色食品中可以使用人工化学合成的食品添加剂,但以下产品不得使用：亚铁氰化钾、4-己基间苯二酚、硫黄、硫酸铝钾（铵）、赤藓红及其铝色锭、新红及其铝色锭、二氧化钛、焦糖色（亚硫酸铵法加氨生产）、硫酸钠（钾）、亚硝酸钠（钾）、司盘系列、吐温系列、苯甲酸（钠）等。

面粉中为什么也要加入食品添加剂？

在商店买回来的食品绝大部分都有食品添加剂。人类社会的文明进步，已经离不开食品添加剂了。面粉里面可以不加增白剂，但是面粉里除了不加增白剂，别的食品添加剂就不加吗？还是得加。

将时间的齿轮拨回到三十年前，很多家里都有一个磨房，经常有人在那里磨面，几乎是磨一次的量可以够吃三天。有毛驴的就套上毛驴拉磨，没毛驴的就手动推磨，那时面粉里什么都不用加，因为磨了就吃。现在不一样了，面粉磨完后，从面粉厂运输到超市，我们再去超市买回，这中间的时间间隔有几个月甚至更久。小麦不被破坏外壳可以保存

3~5年没问题，一旦磨成面粉以后就不好放了，要么结块要么发霉，你不解决这些问题行吗？不解决这些问题，大家就吃不到品质正常的面粉，所以还是要加食品添加剂。

面粉中使用的食品添加剂主要是品质改良剂，如偶氮甲酰胺可以加速面粉的氧化，改善面粉的加工品质；L-半胱氨酸盐酸盐、抗坏血酸（又名维生素C）具有抗氧化和防止非酶褐变的作用；碳酸镁作为膨松剂和抗结剂，可以防止面粉结块。在专用小麦粉如自发粉、饺子粉等中，还会添加硬脂酰乳酸钠、硬脂酰乳酸钙、蔗糖脂肪酸酯等乳化剂，可增强面筋，延缓直链淀粉老化，且有较好的保湿性，

使制品口感柔软、有弹性、货架期延长；添加淀粉磷酸酯钠、葫芦巴胶、决明胶、沙蒿胶、皂荚糖胶等增稠剂，可使制品口感细腻、咀嚼性好。

此外，在面粉中还会添加营养强化剂，以补充面粉的营养不足，提高营养水平或满足特殊人群的营养需要。

食用油中为什么要加入食品添加剂？

食用油很容易发生氧化酸败，需要使用食品添加剂阻滞氧化。

食用油除了提供人体热能和必需脂肪酸外，还能增加脂溶性维生素的消化吸收，提高食物的适口性和饱腹感。食用油脂所提供的能量约占膳食总能量的20%~35%，其中脂肪的数量和种类都会对健康产生影响。大量流行病学调查表明，冠心病与膳食中的饱和脂肪和胆固醇摄入量呈正相关。而食用油中含有多不饱和脂肪酸对人体健康是有利的，许多多不饱和脂肪酸是人体必需脂肪酸，人体自身不能合成，必须通过食物摄入。

但是，不容忽视的是，多不饱和脂肪酸非常不稳定，很容易发生氧化，不仅造成油脂的品质劣变，使油脂发生哈喇而不宜食用，还会产生有害健康的成分，而且大量摄入多不饱和脂肪酸也会加速血浆脂蛋白的氧化变性，诱发动脉粥样硬化。

食用油发生氧化的条件是氧气、光照、金属离子，高温也会加快氧化过程。为了延缓食用油脂的氧化过程，在油脂加工的后期都要适量添加油溶性的抗氧化剂，如丁基羟基茴香醚、二丁基羟基甲苯等食品添加剂，并且还需要添加柠檬酸及其盐类螯合油脂中的金属元素，进一步降低氧化的速度，因此食品添加剂柠檬酸及其盐，又被称为油脂抗氧化剂的增效剂。

为减少食用油氧化，最好将食用油放置在阴凉干燥避光处。

为什么鸡精比味精鲜美，鸡精是食品添加剂吗？

尽管鸡精和味精只有一字之差，但却属于两类完全不同的产品。味精的学名叫谷氨酸钠，是我们日常常用的调味剂，但是因为其安全性曾被质疑（到目前为止所有研究都证明其是安全的），所以一直对其实施监管，将其列入食品添加剂的范畴。

鸡精是复合调味料，属于食品的范畴，不是食品添加剂。味精的成分单一，作用也单一，就是增鲜，是增味剂。鸡精的成分主要有鸡肉香精、5'-肌苷酸二钠、5'-鸟苷酸二钠和味精、鸡肉水解物等。鸡肉香精是以鸡肉、鸡骨为主要原料通过生物酶解和炖煮制造的，具有炖煮鸡汤的特征香气。而5'-肌苷酸二钠、5'-鸟苷酸二钠也是增味剂。因此，鸡精不仅具有强力的增鲜作用，还有烹调鸡的香气，可以赋予各种食品、菜肴烹调鸡的特征风味。

可见，鸡精的风味比味精更鲜美、更丰富。鸡精的主要成分被认为是天然的，但它是由不同原料制造的人造产品，所以严格上讲，鸡精并不是一种真正意义上的天然调味品。

食品添加剂会不会有过期、失效的问题？

GB 7718—2011 规定了食品添加剂中的味精可以免除标示保质期。但是，对于大部分食品添加剂而言，也会发生过期和失效的问题。

食品添加剂的化学成分不同，稳定性也各有差异。当贮藏时间过长和贮存条件不当时，一些性质不太稳定的食品添加剂会发生化学反应，生成新的化合物，若继续使用这类食品添加剂就会失去其应有的功能和作用，就不能达到改善食品品质、增强食品色香味、保质和保鲜的效果。

在自然放置的贮存条件下，由于温度的改变、环境水分湿度的变化、氧气的氧化作用、太阳光的照射等诸多因素的影响，食品抗结剂开始吸收环境的水分，抗氧化剂能够被空气中的氧气缓慢氧化，还原性漂白剂可以被氧化分解而失效，各种维生素型营养强化剂会发生氧化还原反应，如维生素A、B族维生素、维生素D、维生素E、叶酸等，都会因此而失去原有的生物活性等。

所以，食品添加剂也存在保质期，食品添加剂的生产商和食品加工商都应该在规定的条件下贮藏、运输食品添加剂，并且严密注意食品添加剂的贮存期限。食品添加剂的生产商要绝对不销售超过保质期的食品添加剂，食品加工商要绝对不使用超过保质期的食品添加剂。

商家为什么都愿意多使用食品添加剂?

中国自古就有"好酒不怕巷子深"的说法，这是因为酒好就有更强、更香的酒香。即使酒肆在巷子深处，也可以把人从大街上吸引过来。因此，从商家的角度，在激烈的竞争中，鲜艳和更香的食品具有更强的吸引力，更容易被消费者选择。风味更好的食品会给消费者留下深刻的印象，成为购买和寻找的首选。

另外，消费者和商家都希望食品有更长的保质期和保鲜期，这样食品可以贮藏的时间更长，也可以把食品运到更远的地方，或适应更恶劣环境条件下的需要。所以，商家会尽可能多地使用食品添加剂。

世界各国包括联合国都对食品添加剂有越来越严格的管理制度、安全评价方法和使用标准。所有批准使用的食品添加剂都经过了安全评价。

商家应该根据相关标准和规定选择需要的食品添加剂。商家应该严格遵守食品添加剂使用原则，在达到预期目的的前提下尽可能降低其在食品中的使用量。

商家应该严格在规定的范围内使用食品添加剂，还要做到不超过最大用量，残留量不超标，确保食品添加剂的使用安全，保证不会对消费者造成不利影响。

02 食品添加剂的安全问题

食品添加剂的安全问题是大家最关心的核心问题，下面向你逐一介绍：

柠檬黄染色的馒头对人体到底有多大的危害？

2011 年 3 月媒体揭露上海有多家超市销售的玉米面馒头系染色制成。上海质检局确定玉米馒头中含有柠檬黄，生产商承认使用柠檬黄是为了给消费者造成假象引导顾客消费。

《中华人民共和国食品安全法》第二十八条规定禁止生产经营掺假掺杂食品。因此，此生产商违反了食品安全法。2011 年 9 月上海市宝山区法院以生产、销售伪劣产品罪分别判处该企业负责人有期徒刑 5~9 年，并处罚金。

GB 2760-2011 中食品添加剂的使用原则规定：食品添加剂使用时应该符合 5 项基本条件，第 3 条 "不应该掩盖食品本身或加工过程中的质量缺陷或以掺杂、掺假、伪造为目的而使用食品添加剂"，因此，该生产商违反了食品添加剂的使用原则。

GB 2760-2011 中规定了柠檬黄作为着色剂的适用范围和最大使用量。但是，在柠檬黄可以使用的范围中没有小麦粉以及其制品、发酵面或面制品。因此，该厂商属于非法扩大范围使用柠檬黄。

低热量可乐中使用的代糖是否影响健康？

为了降低热量，低热量可乐中使用了阿斯巴甜、甜蜜素、安赛蜜、纽甜、糖精、三氯蔗糖等高甜度甜味剂代替蔗糖。

阿斯巴甜，又称甜味素，1996 年美国食品以及药物管理局（FDA）批准其可用于所有食物。但是由于阿斯巴甜经过消化后降解成苯丙氨酸，而苯丙酮酸尿症患者不能够吃含苯丙氨酸的食物，

所以 FDA 要求含阿斯巴甜的食物必须标明"含有苯丙氨酸"。在我国，阿斯巴甜属于可在各类食品中按生产需要适量使用的食品添加剂。

甜蜜素通常是指环己基氨基磺酸的钠盐或钙盐，属于非营养型合成甜味剂。1982 年，AbbOtt 实验室和能量控制委员会研究证明了甜蜜素的食用安全性，许多国际组织也相继明确表示甜蜜素为安全物质，但 FDA 至今还是严格限制其使用。尽管这样，仍有很多国家（包括中国）允许甜蜜素的使用。

安赛蜜（AK 糖）为新型无热量甜味剂。经过动物实验以及志愿者人体代谢研究，表明安赛蜜具有广泛的安全性。FAO/WHO 联合食品添加剂专家委员会将安赛蜜用作 A 级食品添加剂，1988 年 FDA 批准其在软饮料中使用。中国于 1992 年批准用于多类食品。

纽甜的甜味纯正，清新自然。作为一种功能性甜味剂，纽甜对人体健康并无影响，可供糖尿病患者食用，并且可以促进双歧杆菌增殖。2002 年美国 FDA 允许其应用于所有食品以及饮料。欧盟于 2010 年正式批准其应用。我国卫生部 2003 年也正式批准纽甜为新的食品添加剂品种，适用于各类食品生产，属于可在各类食品中按生产需要适量使用的食品添加剂。

进口食品中的食品添加剂是否安全性更高？

不能够说进口食品使用的食品添加剂安全性更高。为了保护消费者健康和保证公平贸易，联合国粮农组织（FAO）和世界卫生组织（WHO）联合建立国际食品法典委员会（CAC），作为政府间国际组织，其负责协调、制定的国际食品标准、准则和建议，统称为"食品法典"；其制定的食品添加剂的使用标准是《食品添加剂通用法典标准》（GSFA），是非强制性标准，不强制要求所有国家采用。

世界各国、各地区对在当地生产、销售的食品中所有食品添加剂都有严格的管理制度及安全风险评价方法。即进口食品应符合进口国的食品添加剂相关管理规范。但会出现在这个国家可以使用的食品添加剂，而在另一个国家却不能够使用的问题。这是因为：

❶ 各国对某一食品添加剂的需要与使用会有差异

比如，过氧化苯甲酰在美国可以作为面粉处理剂使用，但在我国自 2011 年 5 月 1 日起，禁止在面粉生产中添加过氧化苯甲酰，认为无技术的必要。

❷ 各国都采用使用申报制度，假如没有申报，即没有评审

比如，2009 年 5 月，上海市质监局发现味千拉面公司违规使用山梨糖醇（液），丙二醇的使用量超过我国 GB2760-2007 允许范围，但是，随后经过使用单位申报，GB2760-2011 已经允许山梨糖醇（液）和二丙醇用于生湿面制品（如面条、饺子皮、烧麦皮）中，最大量分别为 30.0g/kg。据此，味千拉面公司就不存在违规问题。

为何关于食品添加剂的食品安全报道越来越多？

最近几年，大众媒体上有关食品添加剂的食品安全报道越来越多，这是由于多方面的原因引起的。

随着我国经济的迅速发展，人们注重生活质量的提高，对健康的追求也蔚然成风。在食物日益丰富的今天，吃得健康、吃得安全已经成为首要考虑的问题。因此，任何有关食品安全的报道都会受到社会的广泛关注。

食品安全危害有生物性危害、化学性危害和物理性危害三大类，其中化学性危害最容易导致人们产生恐慌情绪。食品添加剂属于化学性添加物质，滥用食品添加剂对人体健康的危害更容易引起人们的警惕。

由于缺乏相关的食品科学普及教育，消费者对食品添加剂的认识和了解并不是很全面，往往会把媒体报道的违法使用非食用物质的食品安全事件，归罪于食品添加剂。但是不容否认的是，确实有一些缺乏诚信的不良企业，为了追逐利益不顾消费者的健康，违背食品添加剂的使用原则，用食品添加剂来掩盖食品的腐败变质或者质量缺陷，甚至以掺杂、掺假、伪造为目的而使用食品添加剂。或使用已经被国家标准禁止的食品添加剂，或超过范围、超量使用食品添加剂，成为违法使用食品添加剂的罪魁祸首。对于这些给整个食品添加剂行业抹黑的生产商，应该给予严厉惩罚。

193

长时间食用含有食品添加剂的食品是否有危害？

不会危害人体健康。食品添加剂的主要作用是：改善食品品质，提高食品质量，满足人们对食品风味、色泽、口感的要求；提高食品的加工效率，使得食品加工制造工艺更加合理、卫生、便捷；防止食品腐败变质，延长食品保质期，减少损失，在大大提高食品品质和档次的同时，为消费者提供各种各样价格合理、品质稳定的食物。

食品添加剂已经进入糕点、饮料、乳制品、肉类等食品加工领域，不用食品添加剂的食品可以说没有。各种食品添加剂能否使用、使用的范围和最大使用量，我国都有严格的规定并受到法律制约。已经批准使用的食品添加剂都是经过了安全性评价，经过长时间毒性试验证明其无危害的。在使用食品添加剂之前，相关部门都会对添加剂成分进行严格的质量指标以及安全性的检测。完善的审批程序和监督机制都是保证食品添加剂安全的重要保障。

因此，只要按照国家规定标准使用食品添加剂生产的食品，对人体健康没有危害。

为什么有人说食品添加剂对人体有害，却还在使用？

按照规定使用食品添加剂对人体没有危害，今后还要使用。食品添加剂是为了改善食品品质和色、香、味，以及为防腐、保鲜和加工工艺的需要才人为加入食品中的。

现在市场上可买到上百种来自各地的琳琅满目的食品，这些食品一些可通过一定的包装以及不一样的加工方法达到货架期的要求，但是多数都不同程度地添加了食品添加剂，正是食品添加剂的发展，才能够给人们的生活带来大大的方便。假如真的不加入食品添加剂，大部分食品要么难看、要么难吃或者难以保鲜，要么就是价格比较贵；

某些食品若不使用防腐剂会造成大量食品腐败变质，引起食物中毒。因此，没有食品添加剂就没有现代化食品企业以及产品。

　　食品添加剂是否有毒性，除与该产品本身的化学结构和理化性质有关之外，还与其有效浓度、作用时间以及机体的机能状态条件有关。所以某一些成分能否作为食品添加剂，除了要达到食品添加剂的功能要求以及严格的安全性评价之外，还要规定安全量和使用范围。

　　因此，说食品添加剂对人体有害，是不正确的或者片面的。只要按照 GB 2760-2011 要求使用，就目前的认识水平，还没有发现对人体有害之说。

食品添加剂

我国发生的食品安全事件中有哪些涉及了食品添加剂？

到目前为止，我国还没有发生过一起因合法使用食品添加剂而造成的食品安全事件。我国发生的食品安全事件中真正涉及食品添加剂的很少，且关于食品添加剂的事件都是由于没有按照我国GB2760-2011中对食品添加剂的规定使用。

上海染色馒头事件

2011年4月，中央电视台曝光了上海多家超市销售的玉米面馒头中没有加玉米面，而是由白面经柠檬黄染色制成的。我国GB2760-2011规定：柠檬黄是一种可允许使用的食品添加剂，可以在膨化食品、冰激凌、可可玉米片、果汁饮料等食品中使用，但是不允许在馒头中使用。"染色馒头"事件除了是一种欺诈消费者的违法行为外，也是一个典型的超过范围使用食品添加剂的违法事件。

蒙牛特仑苏OMP牛奶风波

2009年的蒙牛特仑苏OMP牛奶风波，就是因为在牛奶中添加了牛奶碱性蛋白（MBP）造成的。MBP这种食品添加剂已经获得了美国和新西兰政府的使用许可，但是我国当时暂未允许使用。

红牛饮料事件

2011年2月8日，黑龙江电视台法制频道《"红牛"真相》报道称，红牛饮料存在标注成分与国家批文严重不符、执行标准和产品不一致，以及违规添加胭脂红色素等一系列问题。

在 GB2760-2011 的食品分类系统中红牛饮料属于特殊用途饮料（包括运动饮料、维生素饮料等），胭脂红没有被允许在特殊用途饮料中使用。因此，红牛饮料属于违规使用食品添加剂。但是，胭脂红是安全的色素，违规使用胭脂红不一定会造成危害。而且，国家规定了红牛饮料的每天饮用量（不超过 2 罐），所以安全风险很低。在 2011 年 4 月 20 日前，在红牛饮料中使用苯甲酸钠也是违规的。2012 年 1 月 13 日卫生部 2012 年 1 号公告批准苯甲酸钠用于特殊用途饮料。说明违规使用不一定会造成健康危害。

为什么一定要使用人工合成食品添加剂？

根据 GB 2760-2011，食品添加剂可以是从天然产物中提取的天然物质，也可以是人工合成的物质。人工合成食品添加剂就是采用人工合成的方法生产的食品添加剂，此食品添加剂可以是自然界中天然存在的，也可以是还没有自然界中找到的。

人类使用人工合成的食品添加剂是由于有几个不能克服的困难：

1. 天然产物在自然界中含量低，总量不能够满足人类的需要，因此，不得不采用人工合成的方法大规模制备。

2. 天然产物在自然界中含量低，现有技术从天然原料中获得该物质的成本太高，不具备商业化生产和使用的条件，通常相同纯度要求时，人工合成方法比天然成分提取法要简便、成本低，更容易大规模生产。

3. 天然产物的性能不能够满足食品加工制造的需要，人类需要获得性能符合要求的、安全性的食品添加剂，而纯度不高的天然产物可能会造成对安全危害的误判，甚至会使危害倍增。所以，天然的不一定更安全。

与天然食品添加剂相比，人工合成的食品添加剂还具有质量稳定，价格波动小，生产不受气候、环境等地域条件的限制，保证稳定供应等优点。

常见食品添加剂索引

表一 常见食品添加剂

名称	主要功能	备注
阿斯巴甜	甜味剂	天门冬酰苯丙氨酸甲酯
安赛蜜（A-K糖）	甜味剂	——
阿力甜	甜味剂	L-α-天冬氨酰-N-（2,2,4,4-四甲基-3-硫化三亚甲基）-D-丙氨酰胺
阿拉伯胶	增稠剂	——
苯甲酸钠	防腐剂	——
丙酸钙	防腐剂	——
BHA	抗氧化剂	丁基羟基茴香醚
BHT	抗氧化剂	二丁基羟基甲苯
丙二醇脂肪酸酯	乳化剂	——
巴西棕榈蜡	抗结剂	——
丙二醇	抗结剂、消泡剂	——
白油（液状石蜡）	被膜剂	——
冰乙酸（低压羰基化法）	酸度调节剂	——
冰结构蛋白	其他	仅用于冷冻饮品
菠萝蛋白酶	酶制剂	——
赤藓红	色素	人工色素
茶黄色素，茶绿色素	色素	——

名称	主要功能	备注
茶多酚（维多酚）	抗氧化剂	——
5'－呈味核苷酸二钠	增味剂	——
赤藓糖醇	甜味剂	——
（刺）槐豆胶	增稠剂	仅用于婴幼儿配方食品
蛋白糖	甜味剂	由安赛蜜、阿斯巴甜、糖精等的复配而成
靛蓝	色素	人工色素
淀粉磷酸酯钠	增稠剂	——
单（硬脂酸）甘（油）酯	乳化剂	——
二氧化碳	防腐剂	——
二氧化硫	防腐剂、漂白剂	亚硫酸盐类具有相同功效
二氧化氯（稳定态）	防腐剂	——
二氧化钛	色素	矿物质色素
二氧化硅	抗结剂	——
蜂蜡	被膜剂	仅用于糖果和巧克力
番茄红	着色剂	——
番茄红素（合成）	着色剂	——
果胶	增稠剂	——
瓜尔胶	增稠剂	——
甘油	水分保持剂	

续表

名称	主要功能	备注
硅铝酸钠	抗结剂	——
D-甘露醇	甜味剂	——
甘草，甘草酸铵	甜味剂	——
甘草抗氧物	抗氧化剂	——
谷氨酰胺转氨酶	酶制剂	——
核黄素（维生素B_2）	色素	——
红曲红、红米红	色素	——
β-环状糊精	增稠剂	——
海藻酸钠	增稠剂	——
黄原胶（汉生胶）	增稠剂	——
葫芦巴胶	增稠剂	——
琥珀酸二钠	增味剂	——
滑石粉	抗结剂	——
焦糖色	色素	亚硫酸铵法、普通法、加氨法
甲壳素（几丁质）	增稠剂	——
聚丙烯酸钠	增稠剂	——
焦亚硫酸钾	漂白剂	——
焦亚硫酸钠	漂白剂	——
5'-肌苷酸钠	增味剂	——
甲基纤维素	增稠剂	——

续表

名称	主要功能	备注
酒石酸	酸度调节剂	——
卡拉胶	增稠剂	——
可得然胶	增稠剂	——
可溶性大豆多糖	增稠剂	——
壳聚糖	增稠剂、被膜剂	脱乙酰甲壳素
咖啡因	其他	仅用于可乐
矿物油	消泡剂	——
硫黄	漂白剂、防腐剂	——
抗坏血酸（维生素C）	抗氧化剂	——
亮蓝	色素	人工色素
辣椒红（橙）	色素	——
萝卜红	色素	——
罗望子（多糖）胶	增稠剂	——
磷脂	乳化剂、抗氧化剂	——
氯化镁	凝固剂	——
氯化钾	其他	低钠盐中常用
酪蛋白酸钠（酪朊酸钠）	乳化剂	——
氯化钙	凝固剂	——
硫酸钙（石膏）	凝固剂	——
磷酸氢二钠	水分保持剂	磷酸盐

续表

名称	主要功能	备注
磷酸二氢钠	水分保持剂	——
明矾	膨松剂	——
麦芽糖醇	甜味剂	——
木糖醇	甜味剂	——
木瓜蛋白酶	酶制剂	——
纽甜	甜味剂	N-[N-(3,3-二甲基丁基)]-L-α-天门冬氨-L-苯丙氨酸-1-甲酯
尼泊金酯类	防腐剂	对羟基苯甲酸酯类及其钠盐
纳他霉素	防腐剂	生物防腐剂
柠檬黄	色素	人工色素
5'-鸟苷酸钠	增味剂	——
柠檬酸	酸度调节剂	——
葡萄糖酸-δ-内酯	凝固剂	——
泡打粉	膨松剂	复配的混合物
苹果酸	酸度调节剂	——
羟丙基淀粉	增稠剂、乳化剂	——
羟丙基二淀粉磷酸酯	增稠剂	——
羟丙基甲基纤维素	增稠剂	——
琼脂	增稠剂	——
乳酸链球菌素	防腐剂	生物防腐剂

续表

名称	主要功能	备注
日落黄	色素	人工色素
乳酸钠	稳定剂	——
乳酸	酸度调节剂	——
双乙酸钠	防腐剂	——
山梨酸钾	防腐剂	——
司盘	乳化剂	——
三聚甘油单硬脂酸酯	消泡剂	——
羧甲基纤维素钠	增稠剂	——
三氯蔗糖（蔗糖素）	甜味剂	——
山梨糖醇	甜味剂	——
糖精（钠）	甜味剂	——
甜蜜素	甜味剂	——
脱氢乙酸钠	防腐剂	——
TBHQ	抗氧化剂	特丁基对苯二酚
甜菜红	色素	——
天然苋菜红	色素	——
天然胡萝卜素	色素	——
吐温	乳化剂、消泡剂	——
碳酸（氢）钠	酸度调节剂、膨松剂	——
甜菊糖苷	甜味剂	——
微晶纤维素	稳定剂、抗结剂	——

续表

名称	主要功能	备注
味精	增味剂	谷氨酸一钠
苋菜红	色素	人工色素
亚硝酸钠	防腐剂	——
乙二胺四乙酸二钠	防腐剂、抗氧化剂	——
乙基麦芽酚	增香剂	允许使用的合成香料
胭脂红	色素	人工色素
诱惑红	色素	人工色素
胭脂虫红	色素	——
玉米黄	色素	——
叶黄素	色素	——
叶绿素铜钠盐	色素	——
乙酸（醋酸）	酸度调节剂	——
硬脂酸镁（钾、钙）	抗结剂	——
硬脂酰乳酸钠（钙）	稳定剂、乳化剂	——
亚铁氰化钾（钠）	抗结剂	——
氧化（羟丙基）淀粉	增稠剂	——
亚硫酸（氢）钠	漂白剂	——
栀子黄（蓝）	色素	——
竹叶抗氧化物	抗氧化剂	——
植酸钠	抗氧化剂	——

食品中可能违法添加的非食用物质和易滥用的食品添加剂清单

表二 食品中可能违法添加的非食用物质清单

名称	可能添加的食品品种	检测方法
吊白块	腐竹、粉丝、面粉、竹笋	GB/T 21126–2007《小麦粉与大米粉及其制品中甲醛次硫酸氢钠含量的测定》；卫生部《关于印发面粉、油脂中过氧化苯甲酰测定等检验方法的通知》（卫监发【2001】159号）附件2 食品中甲醛次硫酸氢钠的测定方法
苏丹红	辣椒粉、含辣椒类的食品（辣椒酱、辣味调味品）	GB/T 19681–2005《食品中苏丹红染料的检测方法高效液相色谱法》
王金黄、块黄	腐皮	——
蛋白精、三聚氰胺	乳及乳制品	GB/T 22388–2008《原料乳与乳制品中三聚氰胺检测方法》GB/T 22400–2008《原料乳中三聚氰胺快速检测液相色谱法》
硼酸与硼砂	腐竹、肉丸、凉粉、凉皮、面条、饺子皮	——
硫氰酸钠	乳及乳制品	
玫瑰红B	调味品	——
美术绿	茶叶	——

续表

名称	可能添加的食品品种	检测方法
碱性嫩黄	豆制品	——
工业用甲醛	海参、鱿鱼等干水产品，血豆腐	SC/T 3025-2006《水产品中甲醛的测定》
工业用火碱	海参、鱿鱼等干水产品，生鲜乳	——
一氧化碳	金枪鱼、三文鱼	——
硫化钠	味精	——
工业硫黄	白砂糖、辣椒、蜜饯、银耳、龙眼、胡萝卜、姜等	——
工业染料	小米、玉米粉、熟肉制品等	——
罂粟壳	火锅底料及小吃类	参照上海市食品药品检验所自建方法
革皮水解物	乳与乳制品、含乳饮料	乳与乳制品中动物水解蛋白鉴定-L（-）-羟脯氨酸含量测定（检测方法由中国检验检疫科学院食品安全所提供），该方法仅适应于生鲜乳、纯牛奶、奶粉
溴酸钾	小麦粉	GB/T 20188-2006《小麦粉中溴酸盐的测定 离子色谱法》

名称	可能添加的食品品种	检测方法
β–内酰胺酶	乳与乳制品	液相色谱法（检测方法由中国检验检疫科学院食品安全所提供）
富马酸二甲酯	糕点	气相色谱法（检测方法由中国疾病预防控制中心营养与食品安全所提供）
废弃食用油脂	食用油脂	——
工业用矿物油	陈化大米	——
工业明胶	冰激凌、肉皮冻等	——
工业酒精	假酒	——
敌敌畏	火腿、鱼干、咸鱼等制品	GB/T 5009.20–2003《食品中有机磷农药残留的测定》
毛发水	酱油等	——
工业用乙酸	勾兑食醋	GB/T 5009.41–2003《食醋卫生标准的分析方法》
肾上腺素受体激动剂类药物（盐酸克伦特罗、莱克多巴胺等）	猪肉、牛羊肉及肝脏等	GB/T 22286–2008《动物源性食品中多种β–受体激动剂残留量的测定液相色谱串联质谱法》

续表

名称	可能添加的食品品种	检测方法
硝基呋喃类药物	猪肉、禽肉、动物性水产品	GB/T 21311−2007《动物源性食品中硝基呋喃类药物代谢物残留量检测方法 高效液相色谱−串联质谱法》
玉米赤霉醇	牛羊肉及肝脏、牛奶	GB/T 21982−2008《动物源食品中玉米赤霉醇、β−玉米赤霉醇、α−玉米赤霉烯醇、β−玉米赤霉烯醇、玉米赤霉酮和赤霉烯酮残留量检测方法 液相色谱−质谱/质谱法》
抗生素残渣	猪肉	无，需要研制动物性食品中测定万古霉素的液相色谱−串联质谱法
镇静剂	猪肉	无，参考GB/T 20763−2006《猪肾和肌肉组织中乙酰丙嗪、氯丙嗪、氟哌啶醇、丙酰二甲氨基丙吩噻嗪、甲苯噻嗪、阿扎哌垄阿扎哌醇、咔唑心安残留量的测定 液相色谱−串联质谱法》，需要研制动物性食品中测定安定的液相色谱−串联质谱法
荧光增白物质	双孢蘑菇、金针菇、白灵菇、面粉	蘑菇样品可通过照射进行定性检测，面粉样品无检测方法
工业氯化镁	木耳	——
磷化铝	木耳	——
酸性橙Ⅱ	黄鱼、鲍汁、腌卤肉制品、红壳瓜子、辣椒面和豆瓣酱	需要研制食品中酸性橙Ⅱ的测定方法，参照江苏省疾控创建的鲍汁中酸性橙Ⅱ的高效液相色谱−串联质谱法

名称	可能添加的食品品种	检测方法
氯霉素	生食水产品、肉制品、猪肠衣、蜂蜜	GB/T 22338-2008《动物源性食品中氯霉素类药物残留量测定》
喹诺酮类	麻辣烫类食品	需要研制麻辣烫类食品中喹诺酮类抗生素的测定方法
水玻璃	面制品	——
孔雀石绿	鱼类	GB 20361-2006《水产品中孔雀石绿和结晶紫残留量的测定 高效液相色谱荧光检测法》（建议研制水产品中孔雀石绿和结晶紫残留量测定的液相色谱–串联质谱法）
乌洛托品	腐竹、米线等	需要研制食品中六亚甲基四胺的测定方法
五氯酚钠	河蟹	SC/T 3030-2006《水产品中五氯苯酚及其钠盐残留量的测定 气相色谱法》
喹乙醇	水产养殖饲料	《水产品中喹乙醇代谢物残留量的测定 高效液相色谱法》（农业部1077号公告–5–2008）；《水产品中喹乙醇残留量的测定 液相色谱法》（SC/T 3019-2004）
碱性黄	大黄鱼	——
磺胺二甲嘧啶	叉烧肉类	GB 20759-2006《畜禽肉中十六种磺胺类药物残留量的测定 液相色谱–串联质谱法》
敌百虫	腌制食品	GB/T 5009.20-2003《食品中有机磷农药残留量的测定》

表三　食品中可能滥用的食品添加剂品种清单

食品品种	可能易滥用的添加剂品种	检测方法
渍菜（泡菜等）、葡萄酒	着色剂（胭脂红、柠檬黄、诱惑红、日落黄）等	GB/T 5009.35–2003《食品中合成着色剂的测定》；GB/T 5009.141–2003《食品中诱惑红的测定》
水果冻、蛋白冻类	着色剂、防腐剂、酸度调节剂（己二酸等）	——
腌菜	着色剂、防腐剂、甜味剂（糖精钠、甜蜜素等）	——
面点、月饼	乳化剂（蔗糖脂肪酸酯等、乙酰化单甘脂肪酸酯等）、防腐剂、着色剂、甜味剂	——
面条、饺子皮	面粉处理剂	——
糕点	膨松剂（硫酸铝钾、硫酸铝铵等）、水分保持剂磷酸盐类（磷酸钙、焦磷酸二氢二钠等）、增稠剂（黄原胶、黄蜀葵胶等）、甜味剂（糖精钠、甜蜜素等）	GB/T 5009.182–2003《面制食品中铝的测定》
馒头	漂白剂（硫黄）	——

续表

食品品种	可能易滥用的添加剂品种	检测方法
油条	膨松剂（硫酸铝钾、硫酸铝铵）	——
肉制品和卤制熟食、腌肉料和嫩肉粉类产品	护色剂（硝酸盐、亚硝酸盐）	GB/T 5009.33–2003《食品中亚硝酸盐、硝酸盐的测定》
小麦粉	滑石粉	GB 21913–2008《食品中滑石粉的测定》
臭豆腐	硫酸亚铁	——
乳制品（除干酪外）	山梨酸	GB/T 21703–2008《乳与乳制品中苯甲酸和山梨酸的测定方法》
	纳他霉素	参照GB/T 21915–2008《食品中纳他霉素的测定方法》
蔬菜干制品	硫酸铜	——

续表

食品品种	可能易滥用的添加剂品种	检测方法
酒类（配制酒除外）	甜蜜素	——
酒类	安赛蜜	——
面制品和膨化食品	硫酸铝钾、硫酸铝铵	——
鲜瘦肉	胭脂红	GB/T 5009.35-2003《食品中合成着色剂的测定》
大黄鱼、小黄鱼	柠檬黄	GB/T 5009.35-2003《食品中合成着色剂的测定》
陈粮、米粉等	焦亚硫酸钠	GB/T 5009.34-2003《食品中亚硫酸盐的测定》
烤鱼片、冷冻虾、烤虾、鱼干、鱿鱼丝、蟹肉、鱼糜等	亚硫酸钠	GB/T 5009.34-2003《食品中亚硫酸盐的测定》